PUNKT .genau PRÄSENTIEREN

Komplexe Inhalte erfolgreich und
punkt.genau präsentieren

Copyright © 2012 by TRAUNER Verlag + Buchservice GmbH
Köglstraße 14, 4020 Linz, Österreich
1. Auflage 2012
Grafiken: Dr. Alfons Stadlbauer
Visuelles Konzept/Layout: **SPS MARKETING** GmbH, www.sps-marketing.com
Foto: Erwin Wimmer, Fotografie
Gestaltung: Bettina Victor, TRAUNER Verlag
Herstellung: TRAUNER Druck GmbH & Co KG, Linz
ISBN 978-3-99033-004-3

DR. ALFONS STADLBAUER

PUNKT GENAU PRÄSENTIEREN

Komplexe Inhalte erfolgreich und
punkt.genau präsentieren

WIE GELINGT IHNEN KONKRET EIN HUNDERTPROZENTIGER PRÄSENTATIONSMISSERFOLG? 6
MENSCHEN, DIE IN DER LAGE SIND, KOMPLIZIERTE DINGE ZU DENKEN, DENKEN OFT 7
ZIELGRUPPE UND ZIEL DIESES BUCHES 8
DER AUSGANGSPUNKT 9
DIE KOMPLEXE KOMPLIZIERTHEIT 9
WAS UNTERSCHEIDET EIN KOMPLEXES SYSTEM VON EINEM KOMPLIZIERTEN SYSTEM? 10
REDUKTION VON INFORMATIONEN BENÖTIGT WISSEN................................. 11
EINFACH BEDEUTET NICHT PRIMITIV 13
STÄRKEN BEWUSST MACHEN, SCHWÄCHEN REDUZIEREN 14
KOMPLEXE DARSTELLUNGEN ERSETZEN FEHLENDES WISSEN NICHT 14
ICH BIN'S, DEIN HAUSVERSTAND 15
AUF DAS GEFÜHL HÖREN SPART ZEIT 16

ES GIBT SIE DOCH, DIE ÄNGSTE UND SELBSTZWEIFEL...................... 20
DIE ANGST VOR EINFACHHEIT................. 20
KOMFORTZONE ADE 22
PUNKTE, DIE SICHERHEIT GEBEN............. 24
UNSICHERHEITEN FEST IN DEN GRIFF BEKOMMEN.. 26
DER WENDEPUNKT – ES GIBT KEINE VERBESSERUNG OHNE VERÄNDERUNG 27
CHECKY WILL ABER KEINE VERÄNDERUNGEN 29
LEISTUNGSSTEIGERUNG DURCH EIGENES LERNEN UND FREUDE AM TUN 32
EINE PUNKT.GENAUE PRÄSENTATION BEGINNT MIT DER VORBEREITUNG 33
EIN VORSATZ REICHT NICHT AUS! 33
FORMULIEREN SIE DAS PRÄSENTATIONSZIEL MESSBAR UND PUNKT.GENAU! 33

DEFINIEREN SIE IHRE ZIELGRUPPE! 37
KLÄREN SIE RECHTZEITIG DIE
RAHMENBEDINGUNGEN! 41
**PLANEN SIE PRÄSENTATIONS-
INHALTE RICHTIG** 42
INHALTE SAMMELN 42
REDUZIEREN 48
METHODEN ZUM „REDUZIEREN
STATT KONSTRUIEREN" 50
**PRÄSENTATIONSABLAUF
STRUKTURIEREN** 54
VORBEREITUNG DER PRÄSENTATIONS-
ERÖFFNUNG 55
SEVEN STEPS FÜR DIE ERFOLGREICHE
PRÄSENTATIONSERÖFFNUNG 58
VORBEREITUNG ZUM HAUPTTEIL
DER PRÄSENTATION 59
SCHLUSSPUNKT PLANEN 65
VISUALISIEREN 72
VISUELL KOMMUNIZIEREN 72
DIE QUALITÄTSSTANDARDS VON
MEDIEN BEEINFLUSSEN IHRE
PERSÖNLICHE PRÄSENZ 73
**DIE VIER BAUSTEINE DER
VISUELLEN KOMMUNIKATION** 75
TEXT 75
FARBEN 76
SYMBOLE 80
BILDER 99
**PLAKATIV AM FLIPCHART
VISUALISIEREN** 100
STIFT UND STIFTHALTUNG 101
VISUALISIERUNGSBEISPIELE
FÜR DAS FLIPCHART 109
**VISUALISIERUNG MIT
POWERPOINT** 114
DESIGN, WAS IST DAS? 115
FOLIENDESIGN – WENIGER IST MEHR,
NOCH WENIGER IST NOCH MEHR 117
SCHRIFTARTEN 121
DARSTELLUNG VON DIAGRAMMEN 125
GESTALTUNGSREGEL ORDNUNG
UND EINHEITLICHKEIT 129
TEXT UND BILD – EINE STARKE
SYMBIOSE 131
DIE HÄUFIGSTEN FEHLER BEI
DER VERWENDUNG VON BILDERN 133
MEHR LUST STATT POWERPOINT-FRUST ..133
**IPAD BIS TABLET – VISUALISIERUNG
MIT NEUEN MEDIEN** 138
SCRIBBLING 138
DER PASSENDE STIFT FÜR IHR
ELEKTRONISCHES HILFSMITTEL 139
APPS ZUM VISUALISIEREN UND
PRÄSENTIEREN 142
VISUALISIEREN MIT TABLET-PC 147
WEITERE ELEKTRONISCHE MEDIEN 149
ARTIKULIEREN 151
STIMME 153
SPRACHE 160
KÖRPERSPRACHE 164
DIE PUNKT.GENAU FORMEL 178
P ... PUBLIKUM ABHOLEN 179
U ... UNMISSVERSTÄNDLICHES ZIEL 180
N ... NUTZENORIENTIERUNG 184
K ... KOMPLEXITÄT UND KOMPLIZIERT-
 HEIT REDUZIEREN 185
T ... THEMEN VISUALISIEREN 189
 . ... AUF DEN PUNKT GEBRACHT 191
G ... GLANZVOLLER MEDIENMIX 192
E ... ENGAGIERT 201
N ... NACHHALTIG 202
A ... AUTHENTISCH 203
U ... UNVERWECHSELBAR 204
DANKE 206
LITERATUR 207
SEMINARINFORMATIONEN 207
WEITERE PUBLIKATIONEN 208

WIE GELINGT IHNEN KONKRET EIN HUNDERTPROZENTIGER PRÄSENTATIONSMISSERFOLG?

Die Frage nach den Erfolgsfaktoren für eine gelungene und punkt.genaue Präsentation wird meist mit einer Reihe von Ratschlägen und Empfehlungen beantwortet. Das erinnert auch an die Festlegung von bestimmten Normen und Regeln. Verhaltensnormen, Besprechungsregeln, Parteienkodex … Die Frage, die sich daraus ergibt, ist folgende: Wenn allen diese Regeln bekannt sind, warum werden sie meist nicht eingehalten?

Kennen und Können – der Unterschied ist nicht nur ein Buchstabe. Wissen, wie es geht, ist eine Sache, eine praxistaugliche Anwendung und Umsetzung eine andere. Eine Auflistung von theoriegeleiteten Präsentationsregeln als Antwort auf die Frage: „Wie gelingt Ihnen ein hundertprozentiger Präsentationserfolg?" ist nicht zielführend, denn:

Ratschläge sind auch Schläge!

Es geht nicht nur darum, WAS zu tun ist, sondern vor allem WIE es zu tun ist. Daher lautet meine erste Frage: „Konkret, wie gelingt Ihnen ein hundertprozentiger Misserfolg bei Ihrer Präsentation?" Paradox, meinen Sie? Stimmt, daher heißt diese Methode auch pardoxe Intervention. Mit ihrer Hilfe erreichen Sie in kurzer Zeit viel mehr als mit positiver Herangehensweise und sehr konkreten Lösungsmöglichkeiten.

Keine Vorbereitung, unpünktlich beginnen, arrogant wirken, Publikum ignorieren, monotone Stimmlage, leise und unverständlich sprechen, keine Inhalte visualisieren usw.

Ich bin überzeugt, es fallen Ihnen noch viele Antworten dazu ein. Das bedeutet, Sie wissen bereits, was zu tun ist, um Inhalte nicht erfolgreich und nicht punkt.genau zu präsentieren. Sie müssen jetzt nur mehr eines tun: Vermeiden Sie alle Misserfolgsgaranten und Sie werden künftig bei Ihren Präsentationen erfolgreich sein! Nur, kennen und können, es zu wissen, bedeutet nicht, es auch zu tun. Wenn Sie Fragen zum Thema: „Wie gelingen mir punkt.genaue Präsentationen?" haben, lesen Sie weiter. Ich wünsche Ihnen dabei viel Freude!

MENSCHEN, DIE IN DER LAGE SIND, KOMPLIZIERTE DINGE ZU DENKEN, DENKEN OFT ...

... die einfachsten Dinge zu kompliziert.

Kurious, wir Menschen benützen täglich das komplexeste Ding, das es auf Erden gibt, nämlich unser Gehirn. Mit ihm arbeiten wir täglich, lernen damit und konstruieren dadurch noch komplexere Dinge. Nun aber beschäftigen wir uns damit, wie wir das konstruierte Komplexe einfacher machen können? Kurios? Nein, ist es nicht! Ich denke, man muss zunächst die Komplexität von Systemen erkannt haben, um dann eine Reduzierung erreichen zu können. Nur, viele Menschen beharren vehement auf dem Erkennen und bleiben dabei.

So habe ich gelernt, die einfachsten Inhalte so komplex wie möglich zu beschreiben. Am Beginn meiner Trainerlaufbahn fragte mich ein Teilnehmer: „Stimmt's, dieses Skriptum haben Sie geschrieben?" Innerlich stolz darauf, dass bereits Teilnehmer eines Elektronik-Grundseminars meine persönliche Handschrift erkennen konnten, antwortete der Teilnehmer auf meine Frage, wie er darauf gekommen sei, mit: „Dieses Skript beginnt mit einer Differenzialgleichung!" Ein weiterer Seminarteilnehmer setzte noch eins drauf, indem er mich in der ersten Seminarpause fragte: „Entschuldigen Sie, sind wir hier auf einer Universität oder in einem Elektronik-Grundlagen-Seminar?" Offensichtlich hatte ich es wunderbar geschafft, fachliche

Inhalte komplex zu vermitteln. Geprägt von diesen ersten Erfahrungen verbrachte ich die folgenden Jahre damit, Methoden zu erlernen, um komplexe Informationen so zu vermitteln, dass es meine Seminarteilnehmer auch verstehen konnten.

Wenn heute Seminarteilnehmer zu mir sagen: „Das ist ja gar nicht so kompliziert, wie man denkt!", erkenne ich, dass es nun gelingt, komplexe und komplizierte Inhalte verständlich zu vermitteln.

Es gibt allerdings auch kritische Stimmen wie beispielsweise jener Hochschulprofessor aus Wien, der meinte: „Wenn man an unserer Universität die Lehrinhalte so vermittelt, dass sie jeder verstehen kann, dann ist mir das zu wenig hochschuldidaktisch."

Aha, dachte ich, mancherorts muss es offensichtlich so sein, dass Informationen bewusst schwierig dargestellt werden müssen, damit sie nicht jeder verstehen kann. Wie so oft gibt es ein Dafür und Dagegen. Letztlich aber bedeutet es ein hartes Stück Arbeit, komplexe Inhalte auf allgemein verständliche Informationseinheiten zu komprimieren. Und das ist nicht jedermanns Sache. Ich erinnere mich an eine Pressekonferenz, wo ich als Fachexperte teilnehmen durfte. Mein Auftrag war die inhaltliche Darstellung eines der erfolg- und umfangreichsten Akkreditierungsprojekte Österreichs. Die Zielsetzung meines Beitrags: Erklären Sie die Inhalte so, dass es auch jeder Kronenzeitungsleser (bezogen auf den verwendeten Wortschatz mit der Bild-Zeitung vergleichbar) verstehen kann. Der Grundsatz „Reduzieren statt konstruieren" hat mir seinerzeit schon sehr geholfen. Die tags darauf erschienenen positiven Presseberichte waren der Lohn für diese Art der Präsentation.

ZIELGRUPPE UND ZIEL DIESES BUCHES

Dieses Buch richtet sich an alle, die ihr Wissen verständlich und (be)greifbar vermitteln wollen: Führungskräfte, Fachexperten, Präsentatoren und Moderatoren, Personen im Marketing und in der Öffentlichkeitsarbeit, Wissensvermittler aller Art, Lehrende und Lernende. Nachdem Sie dieses Buch gelesen haben, sollen Sie in der Lage sein,

punkt.genau präsentieren

- zu wissen, wie komplexe Inhalte verständlich präsentiert werden,
- Kerninformationen klar zu formulieren,
- Botschaften zielgerecht zu transportieren,
- Präsentationen spannend zu gestalten,
- eine hohe Aufmerksamkeit zu erhalten,
- Informationen bildhaft darzustellen,
- mit selbst erstellten Visualisierungen Ihr Publikum zu begeistern,
- Strategien für eine zielgerichtete Informationsvermittlung zu entwickeln,
- den Behaltenswert von komplexen Inhalten steigern zu können
- und eine hohe Nachhaltigkeit von Wissen zu ermöglichen.

Es ist nicht mein Ziel, mithilfe dieses Buches die österreichischen PISA-Ergebnisse positiv zu beeinflussen. Ich bin mir aber sicher, dafür einen wichtigen Beitrag zu leisten. Denn schließlich beginnt spätestens in der Schule der erste Schritt bei der komplexen Vermittlung einfacher Inhalte. Ich bin optimistisch, dass sich hier die Veränderungen zum Positiven, die sich oft zu zaghaft zeigen, fortsetzen werden.

DER AUSGANGSPUNKT

DIE KOMPLEXE KOMPLIZIERTHEIT

In der heutigen Informationsgesellschaft, wo komplexe Systeme unser Leben beeinflussen, bekommen punkt.genaue Informationsangebote ungeahnten positiven Zuspruch. Wer seine komplexen Inhalte erfolgreich und punkt.genau vermitteln kann, erreicht hohe Aufmerksamkeit und vermittelt Inhalte verständlich, überzeugend und zielgerichtet.

Überall dort, wo Komplexität vorherrscht, haben die wenigen, die es vereinfachen, viel größeren Erfolg. Beispielsweise die bekannten Handelsketten Hofer (Aldi) und IKEA – sie zeigen vor, wie es geht: reduzierte Warenangebote, einfache Systeme, hoher Zuspruch und hoher Gewinn.

Ein System, das die Komplexität seiner Umwelt reduziert, ist mit dem menschlichen Auge vergleichbar. Unsere Augen können nur ein bestimmtes Spektrum an Wellenlängen (zwischen ultraviolett und infrarot) registrieren und verarbeiten. Um zu sehen, müssen wir nicht gleichzeitig das gesamte Lichtspektrum erfassen können. Wie wichtig ist es daher für Menschen, die vollständige Komplexität aller Systeme zu kennen?

Der von Luhmann geprägte Begriff der „Komplexitätsreduktion" betont die Konzentration auf das Wesentliche. Das Prinzip von „Komplexe Inhalte erfolgreich und punkt.genau präsentieren" beruht daher auf zwei Grundsätzen:

- Eine Konzentration auf das Wesentliche reduziert die Komplexität.
- Vereinfachungen reduzieren die Kompliziertheit.

WAS UNTERSCHEIDET EIN KOMPLEXES SYSTEM VON EINEM KOMPLIZIERTEN SYSTEM?

Ein komplexes System besteht aus vielen Einzelteilen, die miteinander in Wechselwirkung stehen und einander durch zahlreiche Rückkopplungen beeinflussen. Ein Auto ist zum Beispiel so ein komplexes System. Es besteht aus vielen Elementen und Komponenten, zwischen denen zahlreiche Wechselwirkungen stattfinden, die sich ganz oder teilweise beeinflussen. Die komplexe Mikroelektronik besorgt den Rest. Aber muss ein Auto, von der Funktionalität oder Bedienung her betrachtet, kompliziert sein? Nein, muss es nicht!

Andere meinen, dass die Grenzen zwischen Komplexität und Kompliziertheit schwinden. Der österreichische Altkanzler Fred Sinowatz, dessen Aussage bezogen auf die Darstellung von Regierungsherausforderungen: „Ich weiß, das klingt alles sehr kompliziert …" (Regierungserklärung 1983) für einen medialen Festschmaus sorgte, war möglicherweise einer dieser Verschmelzungsanhänger. Sein damaliger Ausspruch wird heute meist in der Form wiedergegeben:

„Es ist alles sehr kompliziert …".

Hier ein Versuch, den Unterschied zwischen Komplexität und Kompliziertheit zu erklären:
- Die Komplexität eines Sachverhaltes wird durch die Menge der Details widergespiegelt, die sich von allen anderen Details des Sachverhaltes so unterscheiden, dass es keine vereinfachende Abstraktion gibt, die den Detaillierungsgrad verkleinert. Ist ein Problem komplex, so müssen wir etwas Zusätzliches erfahren, um es zu bewältigen. Komplexität wird aber auch durch sich widersprechende Zielsetzungen geschaffen.

- Ein Sachverhalt ist kompliziert, wenn das zur Verfügung stehende Wissen zum Verstehen nicht ausreicht. Ein kompliziertes System wird umso verständlicher, je mehr man sich damit beschäftigt. Kompliziertheit ist also ein Maß für die Unwissenheit eines Beobachters.

Ist also ein System für jemanden zu komplex, so kennt derjenige das System nicht oder nicht gut genug. Ist ein System zu kompliziert, dann kann es jemand nicht verstehen bzw. ist jemand nicht in der Lage, es zu verstehen.

Der Unterschied zwischen Komplexität und Kompliziertheit heißt „Kennen und Können".

REDUKTION VON INFORMATIONEN BENÖTIGT WISSEN

Die Reduzierung komplexer Inhalte in eine „allgemein verständliche Form" schmälert nicht, wie manche meinen, die persönliche Fachkompetenz – gerade das Gegenteil ist der Fall. Als kompetente Menschen werden vielfach jene Personen bezeichnet, die in der Lage sind, komplexe Inhalte so zu vermitteln, dass sie andere verstehen können. Überlegen Sie einmal selbst, wer für Sie persönlich kompetent erscheint. Ist es jemand, der bei Ihnen Begeisterung auslöst, oder jemand, der zuhören kann? Oder doch jemand, der die Fähigkeit besitzt, komplexe und schwierige Inhalte verständlich zu vermitteln? Wahrscheinlich hat diese Person von allem etwas, es geht daher nicht immer um Informationsdarstellung.

Nicht umsonst gilt die Parole „Weniger ist oft mehr" als eine weit verbreitete Formel für zielgerichtete Ergebnisorientierung. Eine in Österreich gängige Form von persönlicher Kompetenzdarstellung, die durch die Reduzierung von komplexen Informationen auf eine Kernaussage erreicht wird, ist die sogenannte „Taferlpolitik". Durch die Visualisierung der Kerninformation auf einer kleinen Tafel (gut österreichisch „Taferl") wurde über lange Zeit das TV-Publikum auf eine einfache, aber sehr wirkungsvolle Art informiert. Diese Form hat bei allen politischen Parteien Einzug gehalten. Vereinfachung als zielorientierte Methode beruht aber nicht auf der Basis des wahllosen Weglassens von Inhalten, sondern differenziert das Wesentliche vom Unwesentlichen.

Eine Komprimierung in kompakte Informationseinheiten lenkt die Aufmerksamkeit auf den Kern der Sache. Das Wesentliche zu erkennen sollte nicht nur die Aufgabe des Empfängers sein, sondern bereits bei der Informationsaufbereitung herausgearbeitet werden. Mit der Ansicht: „Alles ist wichtig! Es kann auf keine Details verzichtet werden, egal, ob es jemand interessiert oder nicht, ob sich das wer merken kann oder nicht", erzeugt man äußere Komplexität, und fördert innere Kompliziertheit. Daher:

- Formulieren Sie das Ziel konkret, handlungsorientiert und für jedermann verständlich
- Volle Konzentration auf das Ziel
- Step by step und nicht sofort der große Wurf
- Reflektieren Sie und lernen Sie täglich dazu

Komplexität wird vor allem durch sich widersprechende Zielsetzungen geschaffen. Das, was Sie brauchen, um komplexe Inhalte verständlich zu vermitteln, sind Klarheit über das, was Sie vermitteln wollen, viel praktische Erfahrung und eine einfache Sprache. Apropos einfache Sprache: Verwenden Sie für Ihre wichtigsten Aussagen die sogenannte Wirksprache? Der ehemalige Apple-Chef Steve Jobs hat bei Produktpräsentationen genau vorgezeigt, was unter dem Begriff Wirksprache zu verstehen ist. Dabei projizierte er sprachlich einen Film auf die geistige Leinwand seiner Zuhörer und löste mit jedem Satz ein Bild aus. Er redete so einfach wie möglich, denn die einfachste Sprache hat gesprochen die größte Wirkung. Auch Franz Josef Strauß meinte:

„Man muss einfach reden, aber kompliziert denken – nicht umgekehrt."

EINFACH BEDEUTET NICHT PRIMITIV

Einfachheit gelingt nicht durch bloßes Weglassen von Informationseinheiten. Reduzieren Sie so weit wie möglich, aber nicht weiter – darin liegt die Herausforderung! Ein Zitat von Albert Einstein liefert uns den Hinweis, dass es nicht immer darum geht, komplexe Systeme zu reduzieren, sondern darum, Komplexität in zuhörerorientierte und verständliche Informationseinheiten und Darstellungen zu verpacken.

„Alles sollte so einfach wie möglich gemacht werden, aber nicht einfacher."

Einfachheit in der Informationsvermittlung ist eine Orientierung, quasi ein roter Faden, um zu lernen, das Wesentliche vom Unwesentlichen zu trennen. Etwas einfach und punkt.genau zu präsentieren erfordert bewusste Entscheidungen, um unnötige Informationen zu vermeiden. Der Designer John Maeda drückte es wie folgt aus:

„Einfachheit ist das Weglassen des Offensichtlichen und das Anbringen des Bedeutsamen."

Notwendige Grundsätze, um das Ziel „Einfachheit" zu erreichen, sind:

- Reduzieren statt konstruieren.
- Nur so viel wie notwendig vermitteln. Verzichten Sie auf unwichtige Zusätze!
- Prioritäten setzen: 1., 2., 3. …
- Kernaussagen visualisieren.
- Einfache Sprache verwenden.
- Bringen Sie das Gesagte auf den Punkt.

STÄRKEN BEWUSST MACHEN, SCHWÄCHEN REDUZIEREN

KOMPLEXE DARSTELLUNGEN ERSETZEN FEHLENDES WISSEN NICHT

Eine der wichtigsten Grundvoraussetzungen, um komplexe Systeme vermitteln zu können, ist Fachkompetenz. Nur jemand, der das Schwierige wirklich verstanden hat, ist in der Lage, Informationen vereinfacht wiederzugeben. Darstellungen wie hier, kann jeder zeigen. Aber:

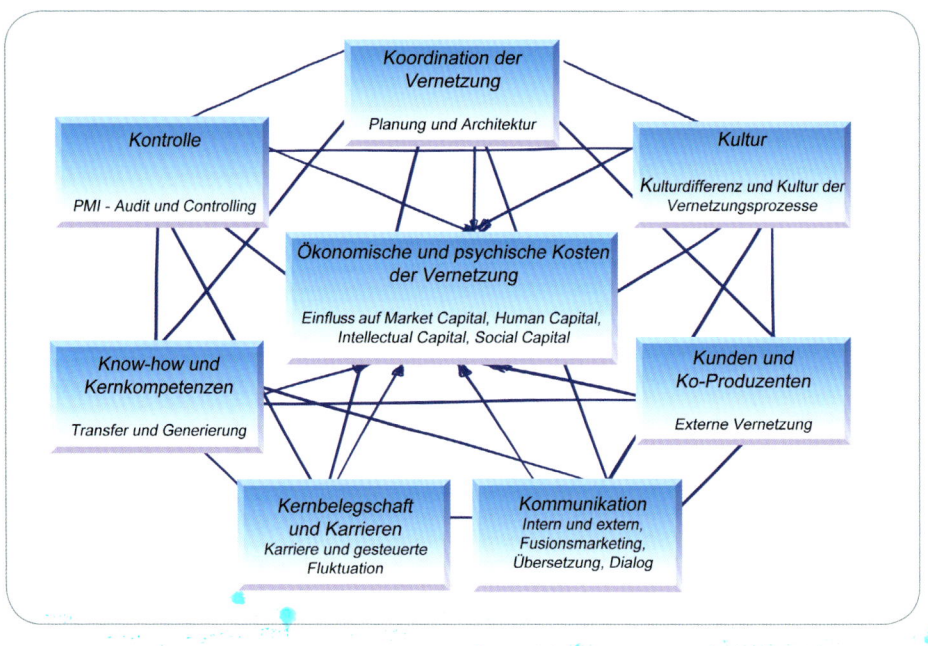

Wer komplexe Systeme nicht kennt, kann deren Kerninformationen nicht erkennen, diese nicht reduzieren und Inhalte nicht auf den Punkt bringen.

Das erinnert an die Schulzeit. Junge Menschen haben naturgemäß wenig bis keine praktische Erfahrung und können daher die Relevanz von fachlichen Informationen schwer beurteilen. Die Folge daraus: Sie lernen für die Schularbeiten den gesamten Stoff bzw. sie versuchen es zumindest. Würden hingegen die Kerninformationen von komplexen Systemen erkannt werden, bräuchten nur diese gelernt werden, um einen positiven Schulabschluss zu erreichen. Ist man nach langem Streben am Gipfel des Wissenserwerbes angelangt und besitzt endlich Einblick in die komplexe Materie, führt das in weiterer Folge dazu, dass man nun selbst in der Lage ist, einfache Dinge kompliziert zu vermitteln und lange, ausschweifende Reden und Vorträge zu halten. Unsere Großeltern hätten dazu gesagt: „Red net so gescheit daher!". Was so viel bedeutet wie: „Halt uns nicht für dumm und sag endlich das, was es zu sagen gibt!". Auch ein Zitat des österreichischen Nobelpreisträgers Konrad Lorenz zielt auf die Rückkehr zur Normalität ab:

> *„Wer in der Lage ist, komplizierte Dinge zu denken, denkt oft die einfachsten Dinge zu kompliziert!"*

ICH BIN'S, DEIN HAUSVERSTAND

Viele von uns bringen unendlich viel Lebenszeit dafür auf, Informationen zu sammeln, die das tägliche Leben leichter machen sollen. Dabei besteht die Gefahr, dass wir auf den eigenen Hausverstand vergessen. Man plädiert heutzutage wieder vermehrt für die Verwendung des gesunden Menschenverstandes. „Benütze bitte dein Gehirn", eine meist freundliche aber direkte Aufforderung, das eigene Denken einzuschalten.

Aus meiner persönlichen Erfahrung bin ich zum Schluss gekommen, dass reine Theoretiker mindestens genauso schlecht sind wie reine Praktiker. Wo Theoretiker vor lauter Analysieren zu keiner praktikablen Umsetzung kommen, setzt die Gruppe der Praktiker verstärkt auf den Grundsatz: „Probieren statt studieren!" In beiden Fällen ist die Erfolgswahrscheinlichkeit eher gering. Daher ist meine Grundorientierung die theoriegeleitete Praxis. ==Theoretisches Wissen gepaart mit einer gesunden Portion Hausverstand und praktischer Erfahrung bringt Erfolg. Dazu gehört auch tägliches Lernen aus eigenen Fehlern.==

> *Hören Sie nicht auf, jeden Tag etwas dazuzulernen!*

AUF DAS GEFÜHL HÖREN SPART ZEIT

Komplexen Problemen mit komplexen Lösungen zu begegnen halte ich selten für sinnvoll und zielführend. Entscheidungen aus dem Bauch heraus zu treffen hat wieder große Bedeutung bekommen – intuitive Entscheidungen sind oft ökonomischer, schneller und besser. Das belegen die Untersuchungen des Max-Planck-Bildungsforschers Gerd Gigerenzer eindrucksvoll. Jeder von uns steht täglich vor einer Vielzahl von kleinen und größeren Entscheidungen. Zwei Informationsquellen sind dafür maßgeblich: Kopf und Bauch. So mag unser Bauch dafür plädieren, dass wir bei einer Präsentation vor dem Vorstand nur die wesentlichsten Ergebnisse darstellen, unser Kopf uns aber daran erinnern, dass wir durch Weglassen von Informationen den Eindruck hinterlassen könnten, ein unqualifizierter Mitarbeiter zu sein. Wer letztendlich siegt, hängt mit unseren persönlichen Reaktionsmustern zusammen.

Dabei lassen sich generell zwei extreme Muster unterscheiden:

- Kopfgesteuerte Menschen entscheiden nach Vernunft. Sie suchen bewusst nach der richtigen Entscheidung, analysieren ihre Ziele, handeln nach Prinzipien und vernachlässigen ihre Gefühle. Dadurch entgeht Ihnen allerdings ein wichtiger Ratgeber. Häufig nehmen wir aus der Umwelt unbewusst Signale wahr, die sich in bestimmten Gefühlen äußern. Auch Erfahrungen in der Vergangenheit und Gewohnheiten machen sich auf der Gefühlsebene bemerkbar. Wenn wir das nicht in unsere Entscheidungsfindung miteinbeziehen, besteht die Gefahr, Wichtiges zu übersehen.

- Reine Gefühlsmenschen hingegen entscheiden aus dem Bauch heraus. Sie gehen davon aus, dass ihre Gefühle ihnen den richtigen Weg anzeigen. Wenn es sich gut anfühlt, dann ist es für sie die richtige Alternative. Dabei vergessen sie, dass Gefühle manchmal in die Irre führen können. Sie handeln spontan, hören die „Kopfstimmen" nicht und bedauern im Nachhinein häufig ihr spontanes Verhalten.

Menschen entscheiden also dann besonders gut, wenn sie nicht lange darüber nachdenken. So habe ich selbst nach zwei Jahren verzweifelter Wohnungssuche eine neue Wohnung gekauft, ohne jemals den neuen Wohnort gesehen zu haben. Ich habe mich lediglich auf Informationen vertrauter Menschen verlassen. Erst nachdem ich den Kaufvertrag unterschrieben hatte, besuchte ich meinen Grund und Boden. Rückblickend war dieser Kauf eine der besten Entscheidungen meines Lebens. Solche Bauchgefühle sind das Produkt einfacher Faustregeln. Sie speisen sich aus Erfahrung und sozialen Instinkten und führen deswegen so oft zu guten Ergebnissen, weil sie unwichtige Informationen schlichtweg ignorieren.

Für gute Entscheidungen in einer unsicheren Welt muss man Informationen weglassen!

*Es geht darum,
schnell die entscheidende
Richtung zum Ziel zu erkennen!*

Gigerenzer meint dazu: Das steigert die Qualität. Jede komplexe Strategie, die zunächst alle Informationen für eine Entscheidung zusammenträgt, misst und abwägt, krankt daran, dass nur ein Teil der Informationen für die Zukunft wirklich von Bedeutung ist. Der Bauch sagt intuitiv, welche. Die Kunst der Intuition besteht eben darin, dass wir uns auf diesen Teil konzentrieren und den Rest außer acht lassen. Ein Weg also, der es nicht erlaubt, alle Details endlos durchzuprüfen und zu bewerten.

Intuition ist dabei keine impulsive Laune des Geistes. Sie macht sich Eigenschaften des Gehirns zunutze, die der Mensch im Zuge der Evolution erworben hat, und speist sich aus den Erfahrungen des ständigen Austauschs mit der Umwelt.

Je geringer das Erfahrungswissen ist, desto mehr Risikobereitschaft erfordern rasche Entscheidungen. Gerade daran scheitern viele Vorhaben, es liegt nicht immer an der Unwissenheit.

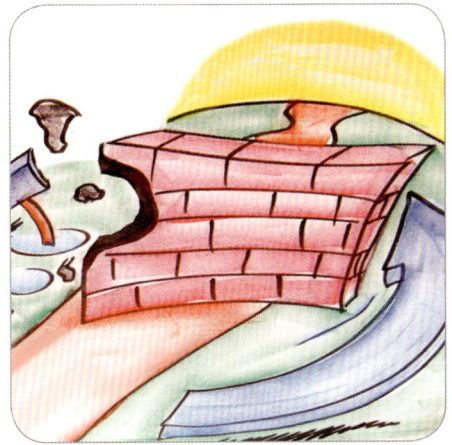

ES GIBT SIE DOCH, DIE ÄNGSTE UND SELBSTZWEIFEL

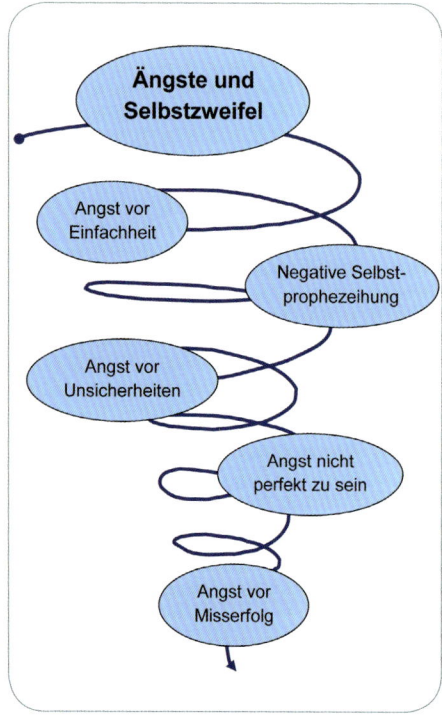

Kennen Sie folgende Situation? Langsam beginnt sie sich zu drehen, die Negativspirale, und zunehmend gewinnt sie an Dynamik und Geschwindigkeit. Meist erreicht Sie dann kurz vor Präsentationsbeginn den absoluten Tiefpunkt. Aber jetzt geht es erst so richtig los!

Diesen Ängsten kann man allerdings entgegenwirken, Unsicherheiten gehören zu jeder Präsentation dazu. Wichtig ist es, sich rechtzeitig mit den vorhandenen Unsicherheiten auseinanderzusetzen, damit negative Gefühle in positive Energie umgewandelt werden können. Was dann noch übrig bleibt, ist die notwendige Antriebskraft für eine erfolgreiche Präsentation, nämlich Lampenfieber. Wenn man das nicht mehr spürt, wird es Zeit aufzuhören. Wenn das eigene Feuer nicht spürbar ist, wie soll dann der Funke auf die Zuhörer überspringen?

DIE ANGST VOR EINFACHHEIT

Weil man Fehler und Risiken minimieren möchte, hat man oft Angst, Informationen wegzulassen. Angst lähmt und untergräbt das Selbstbewusstsein. Wer Angst hat, mit seinen reduzierten Präsentationsvorlagen das Publikum nicht zu erreichen, wird als Reaktion darauf eine der gefürchteten PowerPoint-Schlachten durchführen. Wenn die Angst vor Misserfolg größer ist, als die Freude auf Erfolg, wird jeder Auftritt mit einer Niederlage enden.

Angst und Kreativität schließen sich aus!

SELF-FULFILLING PROPHECY

Die sich selbst erfüllende Prophezeiung ist eine Vorhersage, die sich deshalb erfüllt, weil sich der Vorhersagende meist unbewusst so verhält, dass sie sich erfüllen muss. Wenn jemand sich ständig fragt, wie das Publikum wohl auf die gewählte Art der Informationsvermittlung reagiert, wird die eigene Kreativität gehemmt. Diese Angst lähmt und gute Ideen bleiben in den Gehirnwindungen stecken – verständliche Wissensvermittlung schreit nach Visionären.

WENIGER FAKTEN, MEHR ZUSAMMENHÄNGE

Wer sich selbst unsicher fühlt, neigt dazu, zu viel, zu schnell und zu kompliziert zu erklären. Wir glauben noch immer, dass Zahlen, Daten und Fakten mehr beeindrucken als überzeugende Reden. Das ist aber selten der Fall. Nicht was wir sagen beeindruckt, sondern ob wir es so präsentieren können, dass es den Zuhörern einleuchtet.

PERFEKT ZU SEIN BEDEUTET,
NICHT GREIFBAR ZU SEIN

Perfektionismus ist nur zum Teil Ausdruck von Ängsten, zum anderen Teil ist er Ausdruck von Ignoranz und Hochnäsigkeit, sich mit bestimmten Themen mühsam auseinanderzusetzen. Perfektionismus ist eine Ausprägung von Passivität. Die größte Angst des Perfektionisten ist es, angreifbar zu sein. Einfach sein heißt auch, nicht immer das Perfekte anzustreben. Selbstverständlich sollen alle Aufgaben gut gelöst werden, aber wer immer nach Vollkommenheit strebt, erreicht am Ende gar nichts.

Perfekt zu sein bedeutet, nicht angreifbar zu sein und für sein Publikum nicht greifbar zu sein.

HOFFNUNG AUF ERFOLG ODER ANGST VOR MISSERFOLG?

Viele sind ständig hinter einer Karotte her. Vielleicht hinter einer Lob- und Anerkennungskarotte oder einer Money-Rübe oder vielleicht doch hinter einer Karrieren-Möhre? Motivation von außen ist das eine, doch Selbstmotivation bringt auch Erfolg. Schenken Sie sich nach einer gelungenen Präsentation selbst die Anerkennung, die Sie verdienen.

Wer Sie motivieren kann, kann Sie auch demotivieren. Reduzieren Sie die Angst vor Misserfolg, indem Sie sich selbst Erfolgskriterien schaffen und diese nach Erreichen des Ziels bewusst wahrnehmen. Erfolgsverwöhnte Menschen benötigen keine zusätzliche Karottenfabrik, um leistungsfähiger zu sein. D. h. reduzieren Sie Ihre Schwächen, bevor Sie darangehen, Ihr Stärkenkontingent zu vergrößern.

KOMFORTZONE ADE

Eine Unternehmerin, die für ihre Mitarbeiter das Seminar „punkt.genau präsentieren" gebucht hatte, schrieb mir einige Tage danach folgendes E-Mail:

Sehr geehrter Herr Dr. Stadlbauer,
vielen Dank für die Übermittlung des Fotoprotokolls zum Seminar „Komplexe Inhalte erfolgreich und punkt.genau präsentieren". Es ist mir ein großes Bedürfnis, Sie wissen zu lassen, dass Sie große Begeisterung bei allen Teilnehmern geweckt haben. … Alle haben sich bei der letzten Projektsitzung engagiert eingebracht und sich freiwillig für die nächste Zeit zu internen Präsentationen und Mitarbeiterschulungen gemeldet. Vor allem aber danke ich Ihnen, dass Sie unseren Vertriebsleiter aus seiner Komfortzone geholt haben.

Sonnige Grüße
HUMAN RESOURCES

In der Komfortzone, also in jenem Bereich, wo wir uns sicher fühlen, läuft alles in geregelten Bahnen. Dort fühlen wir uns wohl. Gehen wir an neue Aufgaben und Herausforderungen heran, so müssen wir uns in die Risikozone begeben.

Um Sicherheit bei punkt.genauen Präsentationen zu bekommen, ist es unabdingbar, Neues zu erlernen und auszuprobieren. Nur so können Sie sich weiterentwickeln. Wer beginnt, sich seinen Präsentationsängsten zu stellen, wagt den Schritt von seiner Komfortzone in die Risikozone. Das erfordert Mut!

In der dritten Zone, genannt Panikzone, liegt alles, was uns Angst macht und nicht zu bewältigen ist. Was wir nicht mehr richtig kontrollieren können, lässt die Gefahr des Scheiterns zu groß werden. In dieser Zone können Sie nichts lernen, sondern bleiben immer nur frustriert. In der Panikzone kämpft man ums nackte Überleben. Das aber sollte es bei Präsentationen nicht geben.

Folgende Fragen helfen, sich den eigenen Ängsten zu stellen:

- Was konkret macht mir bei Präsentationen Angst?
- Warum habe ich Angst vor …?
- Was tue ich gegen diese Angst?

Beantworten Sie nun für sich diese Fragen. Beispielsweise so:
- Ich habe Angst davor, dass ich zu wenig über mein Thema weiß.
- Jemand aus dem Publikum könnte mir eine Frage stellen.
- Ich bereite mich gewissenhaft vor und kann offene Fragen auch nach meiner Präsentation z. B. per E-Mail beantworten.

In dem Moment, wo Sie Ihre Fragen beantworten, passiert Folgendes:
- Sie geben zu, dass Sie Angst haben.
- Sie hinterfragen Ihre Angstmacher.
- Sie entwickeln einen Plan.

Um Ängste zu reduzieren und Veränderungen durchzuführen, um die Komfortzone zu verlassen, brauchen Sie einen Plan, ein Konzept. Sie stellen sich nun der neuen Herausforderung und entscheiden sich bewusst für Ihr Tun. Das Sollen wird jetzt zum Wollen! Ängste dürfen sein, denn sie sind auch Motor für Verbesserungen. Zu große Ängste hingegen versetzen Sie in die Panikzone, und dort haben Veränderungen keine Chance. Reduzieren Sie daher Ihre Ängste schrittweise und konstruieren Sie kein Chaos.

PUNKTE, DIE SICHERHEIT GEBEN

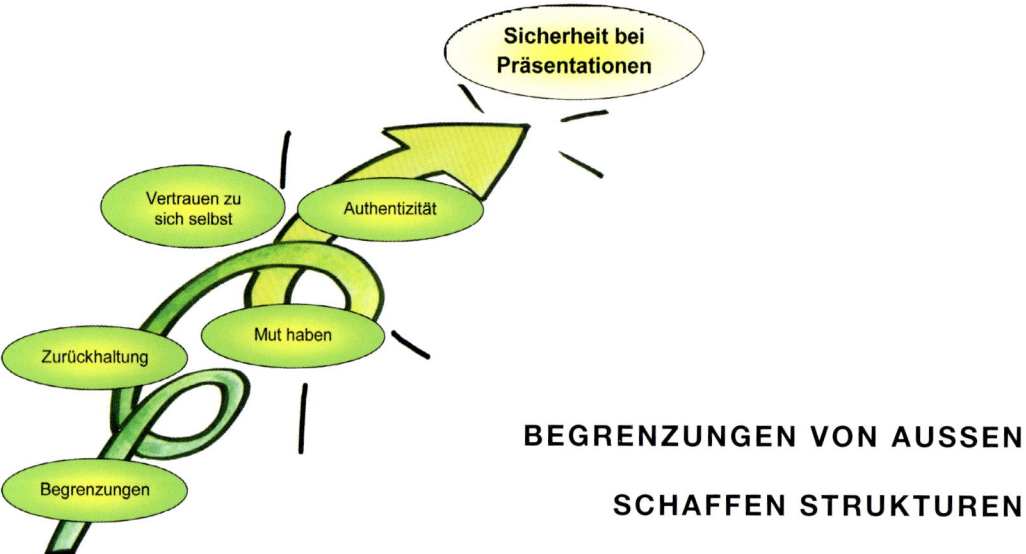

BEGRENZUNGEN VON AUSSEN
SCHAFFEN STRUKTUREN

Was viele Menschen als Einschränkung betrachten, hat auch positive Seiten. Eine eingeschränkte Vortragszeit, eine begrenzte Medienwahl u. ä. führen oft zu außergewöhnlichen und kreativen Lösungen. Sie haben drei Minuten Zeit, bringen Sie die Sache auf den Punkt! Solche Aufforderungen können auch eine befreiende Wirkung erzeugen – es kommt lediglich auf den Standpunkt an. Erkennen Sie daher Einschränkungen und Begrenzungen nicht als Einengung, sondern als willkommene Möglichkeit zum kreativen Handeln und als Aufforderung, Informationen punkt.genau zu präsentieren.

SELBSTBESCHRÄNKUNG SCHAFFT KLARHEIT

Präsentation mit Inhalten überfrachten, noch mehr Folien und Darstellungen zeigen, viel und detailverliebt präsentieren kann jeder von uns. Aber um zu entscheiden, was erwähnt werden muss und was weggelassen werden kann, bedarf es Zurückhaltung, Selbstdisziplin und Zielorientierung. Selbstbeschränkung ist eine wichtige Fähigkeit, schafft aber auch Probleme. Nur ungern lassen wir hart erarbeitetes Detailwissen und tiefgründige Ideen unerwähnt. Es gelingt uns selten zu erkennen, welche Informationen andere überhaupt nicht brauchen. Reduzieren Sie daher und berücksichtigen Sie die Sichtweise von außen.

Das Wesentliche sieht man nur, wenn man sich beschränkt.

MUT UND BEREITSCHAFT, RISIKO ZU ÜBERNEHMEN

Mut bedeutet, sich nicht vor Misserfolg zu fürchten. Denn eines kann Furcht bestimmt nicht: Sie kann Ergebnisse nicht verbessern. Lediglich aktives Handeln bringt Verbesserungen mit sich. Und das ist mit Risiko behaftet. Denn nur, wer nichts tut, macht keine Fehler. Mut erfordert allerdings Vertrauen. Vertrauen in sich selbst, Vertrauen in die eigenen Fähigkeiten und Fertigkeiten und Vertrauen, das Richtige zu tun. Mut braucht Stärke und Unabhängigkeit sowohl in materieller als auch geistiger Hinsicht.

SIE VERMITTELN DIE INHALTE –
NICHT POWERPOINT & CO

Sie sind das Wichtigste bei Ihrer Präsentation. Die zur Verfügung stehenden Medien dienen lediglich als Hilfsmittel, damit Informationen zielgerichteter und verständlicher vermittelt werden. Oft aber wird diese Reihenfolge genau umgekehrt verstanden. Dort wo Folienschlachten dominieren, der rote Faden fehlt, Leseübungen absolviert und Fragen ignoriert werden, gelingt keine erfolgreiche Informationsvermittlung. Entwickeln Sie Vertrauen in Ihr Potenzial und Ihre Stärken. Vertrauen nimmt Angst und bewirkt Sicherheit. Selbstvertrauen und nicht Technikvertrauen, so erreichen Sie Präsenz (kommt von präsent sein) und Überzeugungskraft. Der amerikanische Politiker Jesse Jackson bringt es auf den Punkt:

„Eine Rede abzulesen ist wie ein Telefon abzuküssen – es fehlt etwas!"

AUTHENTIZITÄT – SEIEN SIE ECHT!

Damit Sie sich selbst als authentisch erleben, müssen, geht es nach den Sozialpsychologen Kernis und Goldman, vier Kriterien erfüllt sein:

- Bewusstsein: Ein authentischer Mensch kennt seine Stärken und Schwächen. Erst durch Selbstreflektion ist er in der Lage, sein Handeln bewusst zu erleben und zu beeinflussen.
- Ehrlichkeit: Hierzu gehört, der realen Umgebung ins Auge zu blicken und auch unangenehme Rückmeldungen zu akzeptieren.
- Konsequenz: Ein authentischer Mensch handelt nach seinen eigenen Werten. Das gilt für gesetzte Prioritäten und für den Fall, dass er sich dadurch Nachteile einhandelt.
- Aufrichtigkeit: Authentizität beinhaltet die Bereitschaft, seine negativen Seiten nicht zu verleugnen.

Beim Betrachter wirken Sie dann authentisch und echt, wenn Sie als real und ungekünstelt wahrgenommen werden. Seien Sie daher glaubwürdig, verlässlich und berechenbar. Wenn man völlig authentisch ist und hinter all dem steht, was man sagt, kann fast nichts mehr schiefgehen.

UNSICHERHEITEN FEST IN DEN GRIFF BEKOMMEN

Um eigene Unsicherheiten in den Griff zu bekommen, empfehle ich:

- Ängste wahrnehmen, beachten und zulassen, sich aber nicht davon beherrschen lassen
- sein Publikum wahrnehmen und sich trauen, Fragen zu stellen
- Ziele klar formulieren
- Vermeidung von Komplexität
- mehrere Hypothesen bilden, prüfen und dann entscheiden
- Weniger ist mehr, beweisen Sie Mut zum Weglassen
- Veränderungen zulassen
- aus Fehlern lernen

DER WENDEPUNKT – ES GIBT KEINE VERBESSERUNG OHNE VERÄNDERUNG

Das Leben ist Veränderung. Veränderungen sind absolut unvermeidlich und das ist auch gut so. Ohne Veränderungen sind Entwicklung und Wachstum unmöglich. Und dennoch stehen wir Veränderungen nicht immer positiv gegenüber.

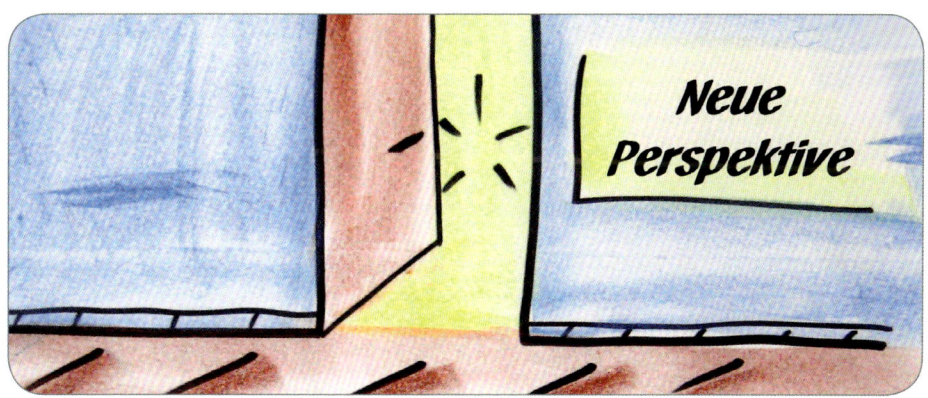

Die letzten zwei Kapitel haben gezeigt, dass es Sinn macht, vorhandene Ängste und Selbstzweifel zu reduzieren und die Selbstsicherheit zu steigern. Das ist wie so oft leicht gesagt, denn Veränderung bedeutet, gewisse Eigenschaften loszulassen. Dazu gehören blockierende Verhaltensweisen und eingefahrene Verhaltensmuster.

Wir wissen, dass Veränderungen Positives bewirken können und überlegen daher genau, was eine neue Situation für Chancen und Möglichkeiten bietet. Mit Veränderungen zu hadern, ist eine menschliche Reaktion, aber leider langfristig gesehen nicht sehr hilfreich.

Ich gehe davon aus, dass die Umsetzung der in diesem Buch beschriebenen Methoden und Techniken eine Veränderung in Ihrem Präsentationsverhalten hervorrufen wird. Daher zeige ich Ihnen das nachstehende, von Streich entwickelte Phasenmodell als kleine Gedankenstütze. Es verdeutlicht, dass es nur allzu menschlich ist, neue Möglichkeiten zur Erfolgssteigerung zunächst zu blockieren, doch später zuzulassen.

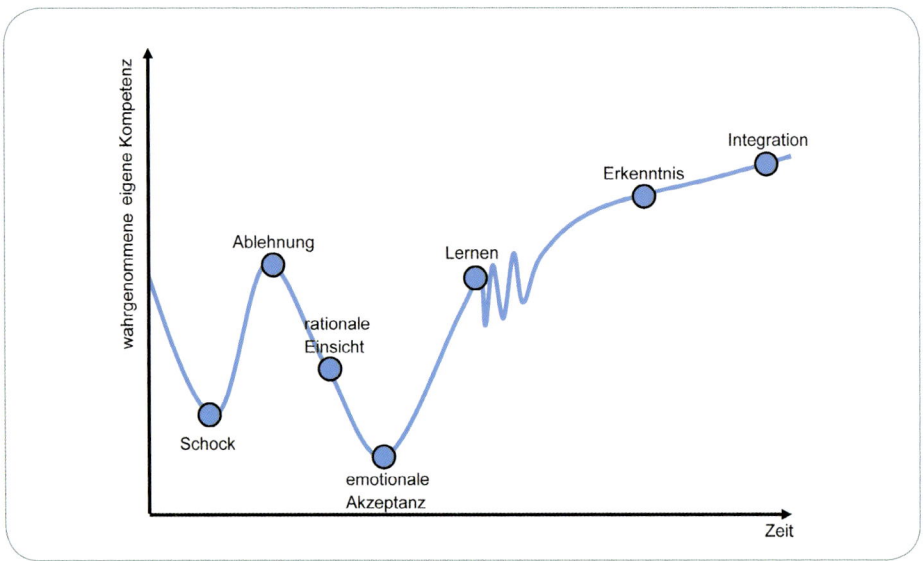

- **Überraschungseffekt mit Schockwirkung:** Hier im ersten Punkt findet eine Konfrontation mit unerwarteten Rahmenbedingungen statt (z. B. spürbarer Misserfolg bei der letzten Geschäftspräsentation). Die selbst wahrgenommene Kompetenz sinkt, denn die eigenen Handlungsentwürfe eignen sich für die neuen Bedingungen nicht.

- **Ablehnung und Verneinung als natürliche Reaktion:** An dieser Stelle werden Werte und Paradigmen aktiviert, welche die eigene Überzeugung stärken, dass eine Veränderung nicht vorgenommen werden muss. Die wahrgenommene eigene Kompetenz steigt wieder, denn die veränderten Bedingungen werden nicht als Notwendigkeit zur Veränderung der eigenen Handlungsweisen angesehen.

- **Rationale Einsicht:** Die Notwendigkeit zur Veränderung wird erkannt, wodurch die eigene persönlich wahrgenommene Kompetenz absinkt. Es werden auf kurzfristigen Erfolg abzielende Lösungen gesucht, womit häufig nur Symptome behandelt werden. Der Wille, eigene Verhaltensweisen zu verändern, ist nicht vorhanden.

- **Emotionale Akzeptanz:** Diese Phase wird auch als Krise (entscheidende Wendung) bezeichnet. Die Krise birgt Chancen und Risiken. Wenn die Bereitschaft geweckt wird, Werte und Verhaltensweisen in Frage zu stellen, können ungenutzte Potenziale unter den veränderten Rahmenbedingungen erschlossen werden. Gelingt das jedoch nicht, kann es zu einer erneuten Ablehnung der bestehenden Situation kommen und der Veränderungsprozess wird verlangsamt oder gestoppt.

- **Ausprobieren und Lernen:** Die emotionale Akzeptanz zur Veränderung setzt die Bereitschaft für einen Lernprozess in Gang. Es können entsprechende neue veränderte Verhaltensweisen ausprobiert und geübt werden. Dabei gibt es Erfolge und Misserfolge. Die wahrgenommene eigene Kompetenz steigt erst durch kontinuierliches Ausprobieren und Üben. Erinnern Sie sich an einen der oben genannten Grundsätze: „Hören Sie nicht auf, jeden Tag etwas dazuzulernen!"

- **Erkenntnis bekommen:** Beim Üben werden immer mehr Informationen gesammelt. Diese geben Aufschluss darüber, in welchen Situationen die neuen Verhaltensweisen angemessen sind. Das führt zu einer Erweiterung des Bewusstseins. Ein erweitertes Verhaltensrepertoire ermöglicht größere Verhaltensflexibilität. Die wahrgenommene eigene Kompetenz steigt über das Niveau vor der Veränderung.

- **Integration:** Die neuen Denk- und Verhaltensweisen werden völlig integriert, sodass sie als selbstverständlich erachtet und weitgehend unbewusst vollzogen werden.

Komplexe Inhalte erfolgreich und punkt.genau präsentieren heißt auch, das Präsentationsverhalten, den Methodeneinsatz und die Präsentationsdurchführung zu verändern. Begegnen Sie daher den neuen Möglichkeiten offen und nützen Sie Ihre Chance. Sie werden damit garantiert Erfolg haben!

CHECKY WILL ABER KEINE VERÄNDERUNGEN

Komplexe Inhalte erfolgreich und punkt.genau zu präsentieren erfordert hohe Konzentration und Aufmerksamkeit. Unabhängiges und unvoreingenommenes Beobachten ist ein entscheidender Faktor für die Effizienz des eigenen Arbeitens. Wie schwierig eine solche Aufgabe sein kann, erkennen Sie am besten, wenn Sie während einer Präsentation gelegentlich in sich hineinhören.

Dabei kommt es nicht selten vor, dass innere Kommentare und Gefühle oft davon abhalten, sich völlig dem Publikum zu widmen. So zum Beispiel sagt die innere Stimme: „Ich werde verlieren. – Ich habe was vergessen. – Es hört mir sowieso keiner zu." Eine von innen gerichtete Aufmerksamkeit auf Präsentationsinhalt und Zuhörer lenkt Sie ab von Ihrer inneren kritischen Gegenstimme. Um erfolgreich zu präsentieren empfehle ich, sich die Erfolgsformel von Timothy Gallwey vor Augen zu halten:

$$Erfolg = Potenzial - Störungen$$

Der Begriff Potenzial beinhaltet vorhandene Fähigkeiten, Fertigkeiten, Talente, Erfahrungen, Persönlichkeitsstrukturen, … allesamt positive und förderliche Eigenschaften. Störungen hingegen verringern den Erfolg. Solche Faktoren sind Angst, Furcht vor Misserfolg, Unsicherheit, negative Erfahrungen, fehlendes Selbstbewusstsein, Trägheit etc. Um sie plakativer auszudrücken, personifizieren wir diese Begriffe und bezeichnen das Potenzial eines Menschen als ICH und geben den blockierenden Störungen den Namen „Checky". Checky kontrolliert und prüft ständig Ihre Gedanken und Vorhaben. Somit sind immer zwei gedankliche Faktoren präsent. Das bedeutet allerdings auch, dass Sie Ihren Checky nie ausschalten können.

$$Erfolg = ICH - Checky$$

Die beiden Faktoren können nun skaliert werden. Zum Beispiel ist ein ICH-Wert von 10 das höchste Potenzial, der Wert 1 hingegen repräsentiert ein extrem niedriges. Stellen sie sich nun vor, ein Präsentator hat ein persönliches Potenzial von 10 und aufgrund seiner bisher gemachten Erfahrungen einen Checky-Wert von 6. Somit ist sein Erfolgswert auf unserer Skala 4. Kommt jetzt ein anderer Präsentator mit einem Potenzial von 8 und einem Checky von 2 ins Spiel, ist dessen Erfolgswert 6. Somit zeigt sich, dass Menschen, die mit einem guten Fundament an persönlicher Kraft ausgestattet sind, aufgrund negativer Erfahrungen und vorhandener Barrieren oft weniger Erfolg haben als andere.

Was würde eigentlich in der Kommunikation passieren, wenn man den Kontrollmechanismus Checky aufgäbe und sich voll auf den Gesprächspartner konzentrierte? Muss man wirklich Kommentare vorwegnehmen oder eigene Antworten geben, während der andere noch spricht? Ist man hingegen bereit, aufmerksam zuzuhören, merkt das die andere Person. Sie wird aufmerksamer sprechen, konzentrierter sein und hört Ihnen aufmerksamer zu. Somit verbessert sich die Kommunikation insgesamt.

Diese Feststellung bringt uns in der Präsentationstechnik einen wichtigen Schritt weiter. Um Erfolg steigern zu können, sind folgende Faktoren hilfreich:

- **Offenheit ist entscheidend,** um auf Gesprächsinhalte und Gefühle besser achten zu können. Häufig sagen Menschen nicht, was sie wirklich meinen. Sie kennen vielleicht die Aussage: „Wer überall offen ist, kann nicht ganz dicht sein!". Seien Sie sensibel genug und verlassen Sie sich auf Ihr Bauchgefühl, um zu spüren, wo Sie offen sein können und wo nicht.

- **Richten Sie Ihre Aufmerksamkeit auf das Interesse der Zuhörer.** Erstaunlich, wie sich die Art und Weise des Sprechens ändert, wenn jemandem Aufmerksamkeit geschenkt wird. Widmet sich eine Person einer anderen vollständig, dann ist diese Aufmerksamkeit ansteckend und wirkt sich auf alle anderen Gesprächspartner aus. Dabei ist es auch leichter möglich, vorhandene Interessen und persönliche Haltungen hinter artikulierten Positionen zu erkennen. Gerade bei einem kritischem Publikum ist dieser Umstand eine bedeutende Herausforderung an den Präsentator.

- **Wichtig ist Konzentration** auf entscheidende Inhalte und Faktoren. Zu erkennen, was wesentliche Schlüsselwörter, Begriffe und Zusammenhänge sind, ist einer der Kernpunkte in der Vermittlung komplexer Inhalte. Um zu verdeutlichen, was es bedeutet auf etwas konzentriert zu sein, ein kurzes Beispiel: Lassen Sie drei Menschen aus dem Fenster blicken und fragen Sie nach ihren Beobachtungen. Hunderte Szenarien sind die Folge. Genauso vielseitig sind Beobachtungen, Betrachtungen und Interpretationen bei Präsentationen. Jede und jeder nimmt anders wahr und wählt anders aus.

    Um eine hohe Konzentriertheit zu erreichen, bedarf es der Berücksichtigung folgender drei Punkte:
    - Es muss interessant sein.
    - Es muss relevant sein.
    - Es muss direkt beobachtbar sein.

Sind diese drei grundlegenden Faktoren unerfüllt, ist es für Checky ein Leichtes, Konzentration und Aufmerksamkeit zu verhindern. Bestes Beispiel dafür ist, wenn man sich beim Lernen auf seinen Stoff konzentrieren muss. Erinnern Sie sich, wie leicht man dabei abzulenken war? Lernen Sie hingegen aus Freude und Interesse gegebene Inhalte, ist Konzentration ein Kinderspiel und der Lernerfolg sehr hoch.

LEISTUNGSSTEIGERUNG DURCH EIGENES LERNEN UND FREUDE AM TUN

Bei Präsentationen eine gute Leistung zu erbringen, ist nicht nur das Bestreben jedes Präsentators, sondern in erster Linie die Anforderung des Auftraggebers. Exzellente Leistungen ergeben sich vor allem dann, wenn das Tun durch inneres Interesse geleitet wird. Erfolgreiche Präsentatoren empfinden bei ihrer Tätigkeit vor allem Freude an der Arbeit. Interesse und Freude sind zwei Garanten für erfolgreiche Wissensvermittlung, da durch sie das innere Potenzial des Präsentators freigelegt wird. Ist das Ziel der Arbeit allein mit Leistung verbunden, ist dieser Anspruch in der Regel nur mit Checky verknüpft. Erfolg – Versagen, Kompetenz – Inkompetenz, gut – schlecht, daraus bestehen die dabei empfangenen Urteile. Der Ansatz des inneren Interesses, verknüpft mit der Bereitschaft, ständig dazulernen zu wollen und der Freude am Präsentieren, hat immer gute Leistungen zur Folge. Die ausschließende Betonung der Leistungserbringung führt zu nichts. Persönliche Lernziele bei Präsentationen sind:

- Sätze punkt.genau zu formulieren.
- das Publikum zu begeistern.
- Zusammenhänge besser verstehen zu lernen.
- eigenen Stress bei Präsentationen zu reduzieren.
- andere Sichtweisen besser respektieren zu können.
- sich besser artikulieren zu können.

Verbinden Sie Ihre persönlichen Lernziele mit gesetzten Leistungszielen und steigern Sie damit nicht nur die Freude an der Arbeit, sondern den Erfolg insgesamt. Nützen Sie die Möglichkeiten der Reflektion über Ihre geleistete Arbeit. Dadurch wird die erreichte Leistungssteigerung verinnerlicht und werden weitere Ansatzpunkte, sich zu verbessern, gefunden oder bestätigt. Wenn Ihre Fähigkeiten wachsen, können Sie bei der nächsten Präsentationsaufgabe noch mehr einbringen und noch erfolgreicher sein.

EINE PUNKT.GENAUE PRÄSENTATION BEGINNT MIT DER VORBEREITUNG

EIN VORSATZ REICHT NICHT AUS!

Unklare Ziele bewirken Komplexität. Wo Inhalte nicht deutlich gemacht werden, ein thematisches Herumgehopse stattfindet oder der Präsentator die Geschichte seiner Schwiegermutter erzählt, ist der Präsentationsfrust wahrscheinlich am größten. Jeder von uns, der diese ziellosen und weitschweifig vorgetragenen Präsentationen erlebt hat, kann davon ein Lied singen. Viele Präsentatoren nehmen sich als Vorsatz, eine wirklich gute Präsentation durchzuführen. Nur, es geht nicht um Vorsätze, es geht um Ziele.

FORMULIEREN SIE DAS PRÄSENTATIONSZIEL MESSBAR UND PUNKT.GENAU!

Eine unklare oder fehlende Zielformulierung ist wohl der Hauptgrund für erfolglose Präsentationen. Nur wer seine Präsentationsziele sinnvoll vorbereitet und bei der Durchführung nicht aus den Augen verliert, wird auf Dauer erfolgreich sein. Formulieren Sie ihre Präsentationsziele schriftlich. Beschreiben Sie, was konkret Sie erreichen wollen und entwickeln Sie darauf aufbauend Ihre Präsentation zielorientiert und punkt.genau.

Auch die Erfolgskriterien einer Präsentation sind vor der Durchführung zu definieren. Was genau ist aus Ihrer Sicht als Erfolg zu verstehen?

Es geht nicht um Vorsätze, es geht um Ziele!

Eine Präsentation sollte immer ein von Ihnen gewünschtes Handeln beim Publikum auslösen. Wenn die Zuhörer als Folge ihrer Präsentation genau dies tun, z. B. einen Antrag genehmigen, einer Meinung zustimmen, gezeigte Analysen akzeptieren, Empfehlungen folgen oder ein Produkt bestellen, so ist die Präsentation erfolgreich gewesen.

Ihr Publikum soll zumindest das Denken über ein bestimmtes Thema ändern, was wiederum zu einem geänderten Verhalten in der Zukunft führen soll. In diesem Sinne kann eine Präsentation auch darauf hinzielen, bestehende Einstellungen zu verändern oder neue Einsichten zu vermitteln.

Das häufig geäußerte Ziel, Zuhörer zu informieren, greift meist zu kurz. Informieren ist ein sehr allgemeiner Begriff, und am Ende einer Präsentation ist damit nicht messbar, ob das Publikum tatsächlich über ein bestimmtes Thema hinreichend informiert wurde. Denn das ist stark von Vorkenntnissen und Interessenslage der Zuhörer, Ihren Fähigkeiten als Präsentator und den vermittelten Inhalten abhängig. Wenn Sie beispielsweise die monatlichen Produktionszahlen präsentieren, so ist der Erfolg dieser Präsentationen gefährdet, wenn nicht herausgearbeitet wurde, inwieweit diese vermittelten Erkenntnisse den Aufgabenbereich der Zuhörer betreffen oder die Handlungsfolge nicht erkennbar ist.

Ihre Präsentationsziele müssen daher möglichst konkret formuliert und messbar sein. Eine Präsentation ohne klares Ziel kann kein Erfolg werden, weil der Erfolg nicht messbar wird. Formulieren Sie Ihr Präsentationsziel in einem Aussagesatz. Dieses Ziel kann – muss aber nicht – mit Ihrer Botschaft deckungsgleich sein. Folgende Fragen werden Ihnen helfen, ein punkt.genaues und messbares Präsentationsziel zu entwickeln:

- Was ist das Ziel / der Zweck Ihrer Präsentation?
- Warum soll Ihnen jemand zuhören?
- Welche Informationen sind für Ihr Publikum wichtig / von Interesse?
- Welche Informationen braucht Ihr Publikum?
- Warum soll Ihr Publikum Ihre Informationen verstehen?
- Welchen Nutzen hat Ihr Publikum davon?
- Wovon soll Ihr Publikum überzeugt werden?
- Welche konkrete Handlungsaufforderung geben Sie mit?

Erinnern Sie sich noch an die Gegenüberstellung von Komplexität und Kompliziertheit zu Beginn? Die Differenzierung der Begriffe ist das Kennen und Können. Diese Unterscheidung hilft Ihnen auch jetzt bei der Formulierung Ihres Präsentationszieles. Die Frage, die Sie sich stellen sollten, lautet: „Was soll das Publikum nach meiner Präsentation kennen und was soll es können?" Das Kennen ist die Antwort auf die Frage: „Was kommt bei der Präsentation auf mich zu?", das Können die Antwort auf die Frage: „Welchen persönlichen Nutzen bringt mir diese Präsentation?"

Zunächst finden wir weitere Formulierungen für die Begriffe kennen und können.
- **kennen:** auskennen, erkennen, wissen, Bescheid wissen, verstehen, lernen, erlernen, entdecken, meistern, begreifen, erfassen, überblicken, verstehen, einsehen, erarbeiten, …
- **können:** anwenden, verändern, bewirken, durchblicken, erreichen, instande sein, in der Lage sein, schaffen, umsetzen, unterscheiden können, verwenden, …

Mit dieser Vielzahl an Begrifflichkeiten lassen sich klare und zielorientierte Formulierungen erstellen. Zum Beispiel:
- Meine Zuhörer wissen nach meiner Präsentation über die Neuerungen im SAP-System Bescheid und können die relevanten Module in der täglichen Praxis anwenden.
- Mein Publikum ist nach meiner Präsentation in der Lage, kritische System-Faktoren zu erkennen und durchblicken die jeweiligen Zusammenhänge.

Eine gute Vorbereitung wird nicht den Erfolg einer Präsentation garantieren, aber kaum eine Präsentation wird erfolgreich sein, wenn sie nicht bis ins Detail vorbereitet ist.

DEFINIEREN SIE IHRE ZIELGRUPPE!

Eine möglichst genaue Kenntnis über das Publikum ist ebenso wichtig wie ein klares Präsentationsziel. Dabei geht es nicht nur um Namensliste, Zuhörerzahl oder voraussichtlichen Wissens- und Interessenstand. Es geht vor allem darum, wer im Zuhörerkreis die Entscheider und Entscheidungsbeeinflusser sind, die über Ihre Botschaft zu befinden haben. Es ist zweckmäßig, wenn die von Ihnen präsentierten Argumente vor allem unter Berücksichtigung der Entscheiderinteressen gewählt werden.

Sie sollten sich daher immer vor Augen halten, dass Sie mit Ihrer Päsentation etwas ganz Konkretes bewirken wollen.

DAS PUBLIKUM ABHOLEN

Damit Sie ihre Zuhörer inhaltlich dort abholen können, wo sie derzeit stehen, ist es wichtig, die Zielgruppe möglichst genau zu kennen. Natürlich ist es oft so, dass nicht alle Faktoren bekannt sind, aber es ist leichter, eine Präsentation für einen personifizierten Personenkreis zu erstellen, als für eine anonyme Masse. Definieren Sie sich daher eine exemplarische Zielgruppe (diese muss nicht unbedingt real sein, aber realisitisch) und richten Sie Ihre Präsentation vorwiegend auf diese Gruppe aus. Alle übrigen Zuhörer können Sie noch in weiterer Folge berücksichtigen.

Um die Zielgruppe spezifizieren zu können, eignet sich die Methode des Clustering, die von Gabriele Rico entwickelt wurde. Dazu sammeln Sie alle Informationen über die Zielgruppe in sogenannnte Cluster (Informationsgruppen). Im Gegensatz zum Listenschreiben bekommen Sie ein schnelles und übersichtliches Bild Ihres Publikums. Folgender Fragenkatalog soll Ihnen helfen, wichtige Faktoren für eine realistische Darstellung der Zielgruppe zu berücksichtigen.

- Welche und wie viele Zuhörer werden kommen?
- Wie sind Alter, Ausbildung und Geschlecht der Zuhörer?
- Welche Aufgaben und Funktionen erfüllen meine Zuhörer?
- Wer sind die Entscheidungsträger im Publikum?
- Was sind die Erwartungen, Wünsche oder Probleme meiner Zuhörer?
- Was weiß mein Publikum über das Thema?
- Wie hoch ist der Wissenstand? D. h., wo muss ich beginnen?
- Welche Informationen fehlen noch?
- Mit welchen Einwänden, Fragen und Vorbehalten muss gerechnet werden?
- Wie würde ich meine Inhalte einem kritischen Zuhörer erklären?

Der Erfolg einer Präsentation ist auch davon abhängig, wie gut sie auf Interessen und Bedürfnisse der Zuhörer abgestimmt ist. Je besser Informationen auf die Erwartungen der Zuhörer zugeschnitten sind, umso höher ist deren Motivation. Eine der wichtigsten Forderungen an den Präsentator ist, Zuhörer dort abzuholen, wo sie stehen, d. h. sich in ihre Situation hineinzuversetzen oder sich an ihrem Wissensstand zu orientieren. Eine Präsentation ist dann erfolgreich, wenn die Zuhörer einen Nutzen daraus erkennen und mitnehmen können.

Nehmen Sie den Standpunkt der Zielgruppe ein – das bewirkt Empathie!

punkt.genau präsentieren

Ich selbst habe mir das Clustering zur Regel gemacht, um im Vorhinein ein relativ klares Bild meiner Zuhörergruppe zu bekommen. Dadurch gelingt es mir viel leichter und schneller, Präsentationen zielgruppenorientiert zu erstellen.

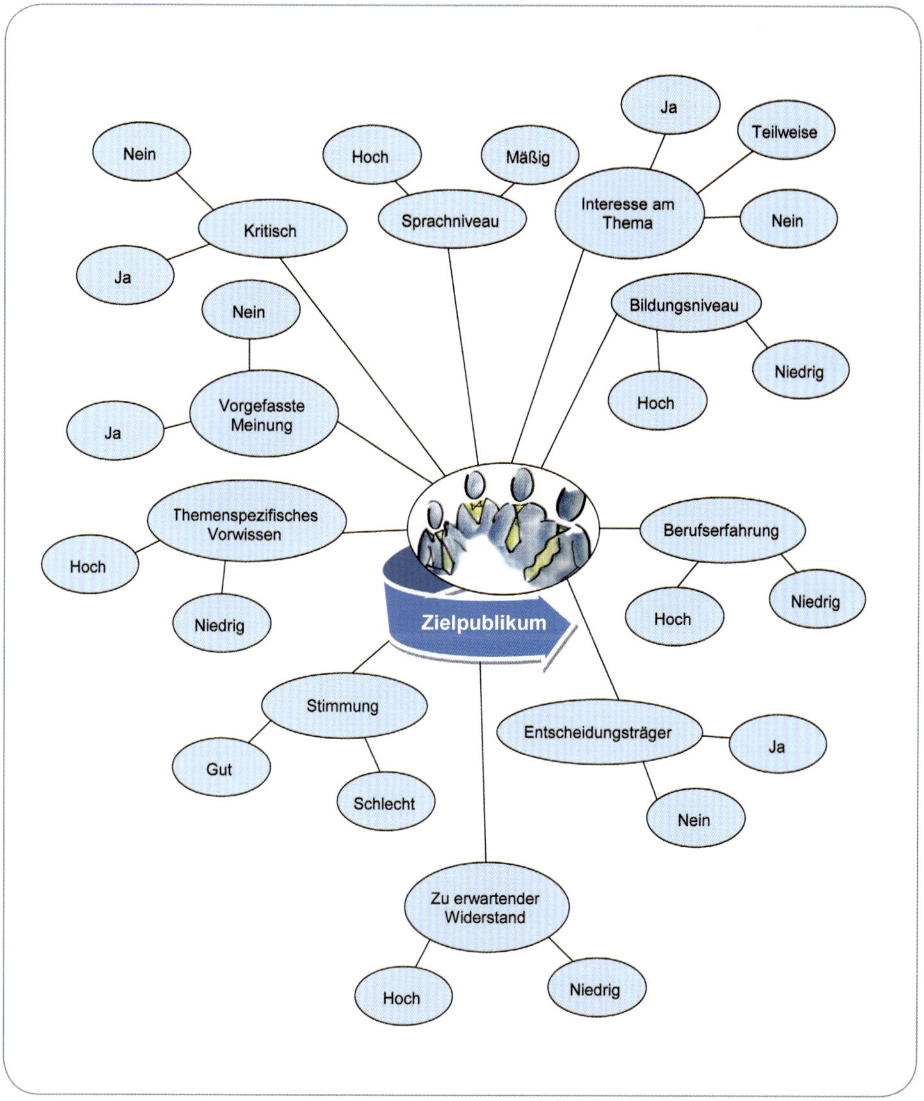

Nachdem Sie die vorhandenen Informationen über Ihr Publikum gesammelt haben, können Sie sich optimal auf die bevorstehende Situation einstellen. Fokussieren Sie jetzt den wichtigsten Teil Ihrer Zuhörer und lassen Sie zunächst alle anderen beiseite. Diese werden erst am Schluss des erstellten Präsentationsdesigns berücksichtigt.

Haben Sie bei Ihrer Kernzielgruppe beispielsweise mit keiner vorgefassten Meinung zu rechnen, dann können Sie bei Ihrer Präsentationsvorbereitung den Punkt „Vorgefasste Meinungen berücksichtigen" streichen bzw. nur andenken, aber keinesfalls zu viel Energie dafür investieren. Ebenso brauchen Sie sich nicht zu überlegen: „Wie kann ich mein Publikum motivieren?", wenn Sie festgestellt haben, dass Menschen gerne zu Ihrer Präsentation kommen. Ihr Publikum ist motiviert, verschwenden Sie also keine Zeit für etwaige Motivationsmaßnahmen. Haben Sie jedoch mit einem sehr kritischen Publikum zu rechnen, z. B. bei einer Präsentation zum Thema „Die geplante Ortsumfahrung", dann ist die zu erwartende kritische Haltung der Teilnehmer im Präsentationsablauf zu berücksichtigen.

Die Einteilung einzelner Cluster zur Festlegung der Zielgruppe in zwei einander komplementäre Begriffe (hoch – niedrig, gut – schlecht, ja – nein etc.) bringt oft Probleme in der Zielformulierung. Viele beurteilen den Cluster mit „teils – teils" oder „sowohl – als auch". Damit Sie klare Zielformulieren erarbeiten können, empfehle ich hier die Anwendung der von Gallway entwickelten Methode der Skalierung. Definieren Sie Skalenwerte zwischen 1 und 10. 1 bedeutet nicht vorhanden, 10 vollständig vorhanden. So kann fachlich spezifisches Vorwissen also auch den Wert 3 oder 7 besitzen. Dadurch lässt sich die Präsentationsvorbereitung punkt.genau erstellen. Ist die Kernzielgruppe und in weiterer Folge die Präsentation darauf abgestimmt, würde ich mir für folgende Fragen noch passende Antworten überlegen.

- Wie kann ich mein Publikum begeistern?
- Wie binde ich mein Publikum ein? Welche Fragen stelle ich?
- Wie kann ich meine Präsentation spannender machen?
- Welche Beweise und Argumente bestätigen den Wahrheitsgehalt meiner Behauptungen?
- Welche Schwachstellen sind in meiner Präsentation vorhanden? Wie kann ich diese ausgleichen?

Allen recht getan, ist eine Kunst, die keiner kann.

KLÄREN SIE RECHTZEITIG DIE RAHMENBEDINGUNGEN!

Zu den wichtigen Rahmenbedingungen jeder Präsentation gehören die zur Verfügung stehende Zeit, der Veranstaltungsort, Technik und die bereitstehenden Medien.

Pünktlichkeit ist nicht nur eine Frage der Höflichkeit und Selbstdisziplin, sondern auch ein Zeichen von Professionalität. Wenn es nicht gelingt, die Präsentation im angekündigten Zeitrahmen durchzuführen, wie wird es erst mit den von Ihnen vorgeschlagenen Empfehlungen aussehen? Beginnen Sie deshalb eine Präsentation pünktlich und benötigen Sie keine Minute länger als angekündigt.

Allerdings gibt es leider Unternehmen mit schlechter Zeitkultur. Dort beginnen viele Präsentationen verspätet. Kritisch ist die Situation des Präsentators besonders dann, wenn selbst Entscheidungsträger mit deutlicher Verspätung erscheinen. In diesen Fällen ist es die beste Lösung, pünktlich zu beginnen und wenn wichtige Entscheidungsträger verspätet eintreffen sollten, den erreichten Stand kurz zusammenzufassen.

Auch wenn Vortragsräume in der Regel alle Voraussetzungen für eine erfolgreiche Präsentation bieten, sollten Sie Sitzordnung und benötigte Mittel vorher klar definieren. Im besten Fall überzeugen Sie sich rechtzeitig über Vorhandensein und Funktionalität der Technik. Ich persönlich habe mir angewöhnt, meistens mein eigenes Equipment im Kofferraum meines Autos parat zu haben. Diese Maßnahme hat meine Präsentationen schon des Öfteren gerettet. Denn wenn Medien zur Verfügung stehen, bedeutet es in der Praxis nicht immer, dass sie auch funktionieren.

Achten Sie bei der Verwendung unterschiedlicher Medien, z. B. Flipchart in Kombination mit PowerPoint, auf einen barrierefreien Medienwechsel. Keine Kabel, Tische oder sonstige Hindernisse zwischen den Medien, das ermöglicht einen stolperfreien Zugang.

PLANEN SIE PRÄSENTATIONS-INHALTE RICHTIG

Abhängig von Thema, Ziel, Zielgruppe und Botschaft erfolgt die inhaltliche Zusammensetzung der geplanten Präsentation in drei Schritten:

INHALTE SAMMELN

Hier die Wiederholung der wichtigsten Fragestellungen zum ersten Schritt einer inhaltlichen Präsentationsvorbereitung:

- Was wissen die Zuhörer über das Thema bzw. wie hoch ist ihr Wissenstand?
- Welche Erwartungen, Wünsche oder Probleme haben die Zuhörer?
- Welche Informationen sind für die Zuhörer wichtig?
- Worüber sollten die Zuhörer informiert werden?
- Wovon wollen Sie Ihre Zuhörer überzeugen?
- Welche Handlungsaufforderung geben Sie den Zuhörern mit?

Beim Sammeln der Inhalte sollten Sie zunächst Ihren Gedanken freien Lauf lassen und dabei alles in Stichworten schriftlich erfassen, was Ihnen zum Thema einfällt. Um von Beginn an einen guten Überblick zu bekommen, empfehle ich hier die Methoden des Clusterings und Mind Mappings.

CLUSTERING

Das Clustering von Gabriele Rico ist parallel zum Mind Mapping von Toni Buzan entstanden. Beide kamen auf ähnliche Methoden, wobei in weiterer Folge das Mind Mapping zu einer

punkt.genau präsentieren

Kreativitätsmethode entwickelt wurde und Clustering bevorzugt den Einstieg beim Texteschreiben erleichtert. Beide Methoden sind bei der Stoffsammlung sehr hilfreich, wobei ich in erster Linie das Clustering verwende.

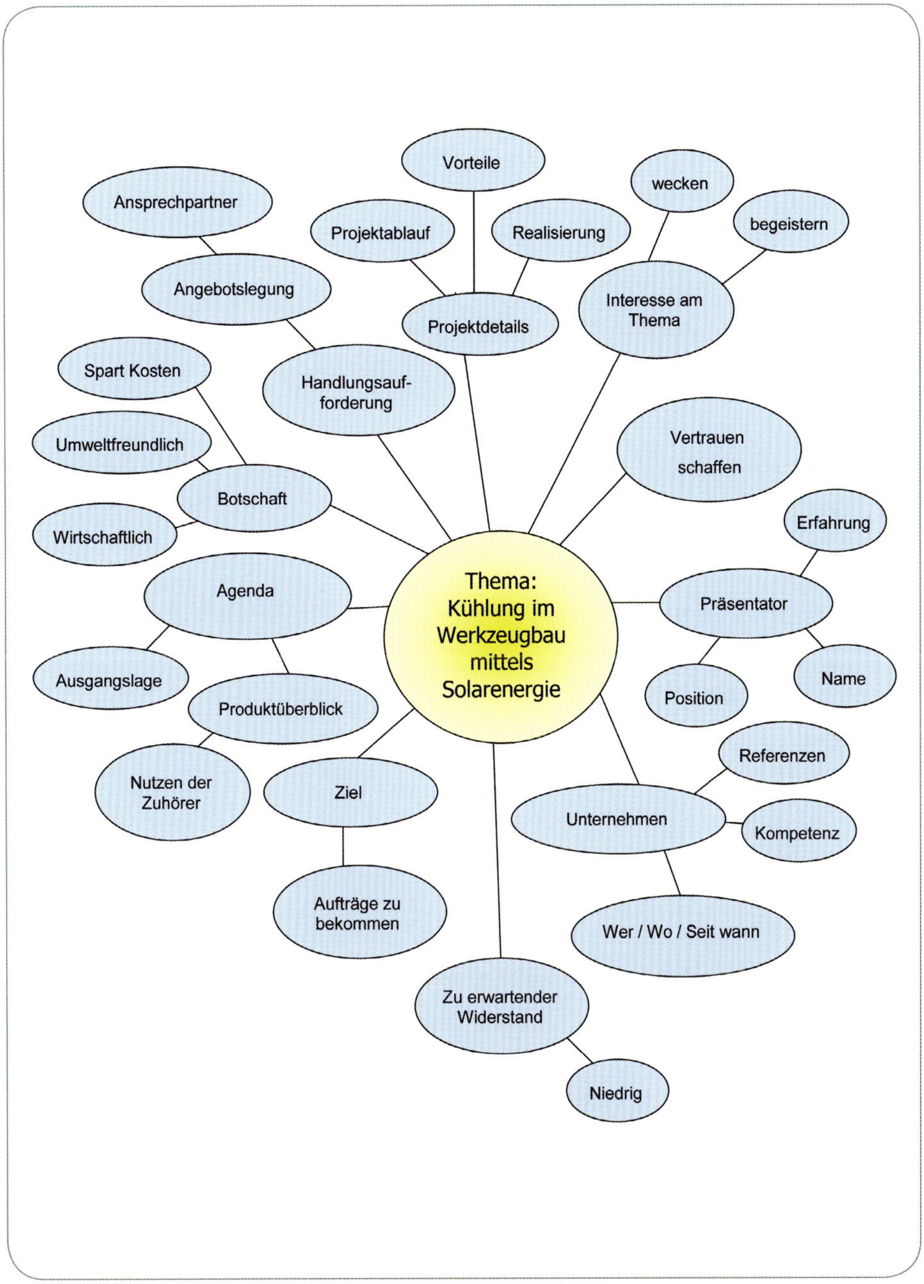

![Cluster zum Thema: Kühlung im Werkzeugbau mittels Solarenergie]

Dabei werden spontane Einfälle und Assoziationen zu einem Thema schriftlich festgehalten. Ob Sie einen Präsentationstext oder die Präsentationsinhalte finden wollen – das Clustering bewährt sich in beiden Fällen. Die generelle Frage am Beginn der inhaltlichen Präsentationsvorbereitung lautet: Worüber möchte, darf oder muss ich in meiner Präsentation sprechen? Clustering beginnt mit einem weißen Blatt Papier, am besten unliniertes A3-Papier im Querformat. Schreiben Sie in die Mitte des Blattes das Präsentationsthema und kreisen Sie es ein. Konzentrieren Sie sich auf diesen Text. Schreiben Sie dann alles nieder, was Ihnen dabei in den Sinn kommt. Bewerten und zensieren Sie vorerst nicht, sondern schreiben Sie alle Einfälle kreisförmig um das Präsentationsthema. Kreisen Sie auch die neuen Begriffe ein und verbinden Sie eine Abfolge von Einfällen zu Assoziationsketten. Ziehen Sie in weiterer Folge Verbindungslinien zwischen dem Ausgangsbegriff und den neuen Einfällen. Erzwingen Sie keine Weiterführung von Gedankenketten und prüfen Sie Ihre Einfälle nicht auf Zusammenhang und Logik. Sie erhalten so in kurzer Zeit eine Sammlung von Präsentationsinhalten.

MIND MAPPING

Eine Mind Map (Gedankenlandkarte) dient unter anderem der Planung und visuellen Darstellung eines Themengebietes, in diesem Fall des Präsentationsthemas. Hier soll ebenfalls das Prinzip der Assoziation helfen, Gedanken frei zu entfalten und Fähigkeiten des Gehirns zu nutzen. Die Mind Map wird nach bestimmten Regeln erstellt und gelesen. Diese Technik bzw. den Prozess selbst bezeichnet man als „Mind Mapping". Im Gegensatz zum Clustering wird bei der Mind Map von Beginn an eine vernetzte Struktur erzeugt.

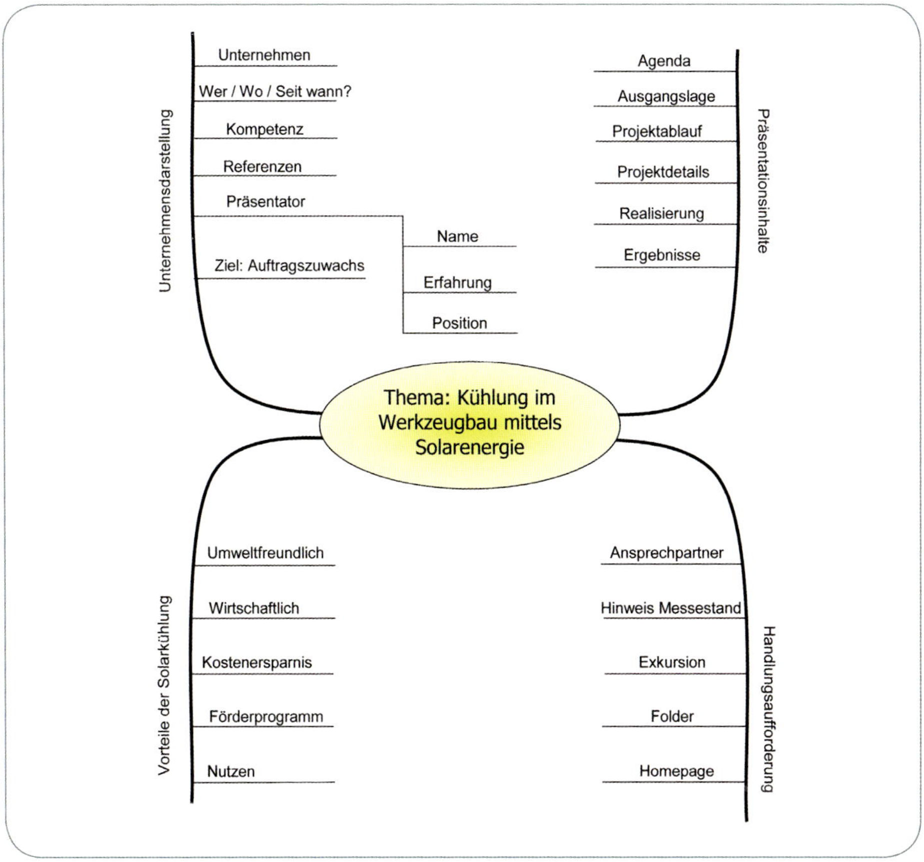

punkt.genau präsentieren

```
Unternehmensdarstellung:
    Unternehmen
    Wer / Wo / Seit wann?
    Kompetenz
    Referenzen
    Präsentator
    Ziel: Auftragszuwachs

Präsentator:
    Name
    Erfahrung
    Position

Präsentationsinhalte:
    Agenda
    Ausgangslage
    Projektablauf
    Projektdetails
    Realisierung
    Ergebnisse

Thema: Kühlung im Werkzeugbau mittels Solarenergie

Vorteile der Solarkühlung:
    Umweltfreundlich
    Wirtschaftlich
    Kostenersparnis
    Förderprogramm
    Nutzen

Handlungsaufforderung:
    Ansprechpartner
    Hinweis Messestand
    Exkursion
    Folder
    Homepage
```

Die wichtigsten Unterschiede der beiden genannten Methoden sind:

- **Ellipsen/Kreise statt Äste:** Beim Clustering wird jede Idee in eine Ellipse geschrieben und nicht wie beim Mind Mapping auf Äste.

- **Verzicht auf Hierarchie:** Während Mind Mapping mit seiner Ästestruktur eine Hierarchisierung von Ideen in Haupt- und Nebenäste verlangt, stehen beim Clustering die Ellipsen gleichwertig nebeneinander. Die jeweiligen Zusammenhänge werden durch Linien sichtbar gemacht. Beim Clustering kann jede Ellipse eine neue Mitte werden, was bedingt durch die Aststruktur beim Mind Mapping nicht funktionieren kann.

- **Ganze Sätze sind erlaubt:** Im Gegensatz zum Mind Mapping, wo man sich auf einzelne Wörter beschränkt, kann man beim Clustering auch ganze Sätze schreiben. Sollten Ihnen beim Sammeln der Inhalte und Ideen bereits punkt.genaue Formulierungen einfallen, notieren Sie diese gleich.

REDUZIEREN

Einer der berühmtesten Sätze von Dwight David Eisenhower lautet: „Was nicht auf einer einzigen Manuskriptseite zusammengefasst werden kann, ist weder durchdacht, noch entscheidungsreif." Erinnern Sie sich an meine Hinweise zum Thema Komplexität und Kompliziertheit? Mit Bedacht darauf, dass eine Reduktion von Informationen immer Wissen voraussetzt, lautet die Formel für punkt.genaue Präsentationen:

Reduzieren –
  Visualisieren –
Artikulieren –
  Punkt.genau

Das ist einer der wichtigsten Grundsätze, um nicht zu sagen die Hymne für erfolgreiche und punkt.genaue Präsentationen. Viele der dargestellten Präsentationen enthalten eine Fülle redundanter Informationen und sprachlicher Füllwörter. Zudem sind Präsentationen häufig durch zusätzliche, nicht unbedingt zum Präsentationsthema gehörende Inhalte aufgebläht. Gerade diese Zusätze machen es dem Publikum schwer, das Wesentliche zu erkennen. Die Reduktion von Inhalten erinnert an das Markieren (mittels Textmarker) oder Unterstreichen von Wörtern oder Sätzen in einem Manuskript. Die hier gemeinte Reduzierung geht aber weiter als diese beiden Formen. Beim Markieren oder Unterstreichen werden lediglich wichtige Stellen hervorgehoben. Bei der Reduktion von Inhalten hingegen erfolgt eine inhaltliche Prüfung, sowie die Entscheidung, ob Sie bestimmte Inhalte für Ihre Präsentation weiterhin behalten wollen oder nicht. Durch die Reduktion verschwinden daher Inhalte und sind de facto nicht mehr verfügbar. Somit werden Präsentationsinhalte auf eine wesentliche Aussage reduziert.

Die Reduzierung auf das Wesentlichste ist einer der wichtigsten Schritte für eine punkt.genaue Präsentation.

Dies erfolgt naturgemäß mit dem Fokus auf ein gestecktes Präsentationsziel und die Zielgruppe. Hier nochmals die wichtigsten Merksätze, bezogen auf die Reduzierung von Inhalten:

- Reduzieren statt konstruieren.
- Konzentration auf das Wesentliche reduziert die Komplexität.
- Vereinfachungen reduzieren die Kompliziertheit.
- So viel wie notwendig vermitteln.
- Verzichten Sie auf unwichtige Zusätze!
- Prioritäten setzen. 1, 2, 3 …
- Weniger ist mehr, beweisen Sie Mut zum Weglassen!

Um Ihnen diese Schritte zu erleichtern, empfehle ich folgende Kategorisierung: Sie unterteilen Ihre Inhalte nach dem Prinzip „Muss – Soll – Kann". Oder anders formuliert:

- Was ist für Ihr Publikum besonders wichtig zu wissen? Was also muss das Publikum nach Ihrer Präsentation unbedingt wissen?
- Welche der ausgewählten Inhalte haben einen zusätzlich informativen Charakter? D. h. was soll Ihr Publikum zusätzlich bei den von Ihnen dargestellten Inhalten verstanden haben?
- Welche Informationen sind neben den eigentlichen Präsentationsinhalten als Zusatz erwähnenswert?

Alleine die unterschiedliche Benennung der einzelnen Stufen assoziiert aus meiner Sicht eine wesentliche Unterscheidung der einzelnen Prioritätsstufen bezogen auf die Wichtigkeit von Präsentationsinhalten.

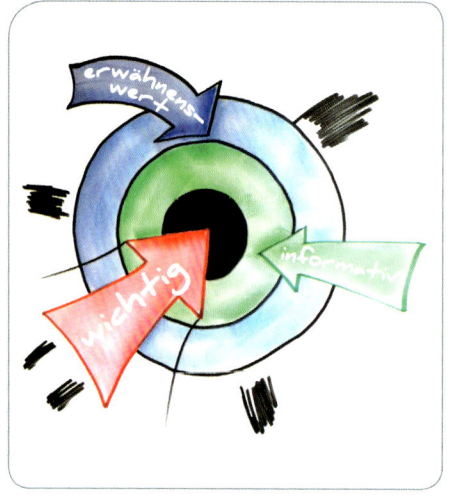

Wichtig

ist das, was alle Zuhörer wissen müssen, um das gesetzte Ziel zu erreichen. Diese Inhalte haben höchste Priorität und beinhalten das Wesentlichste einer Präsentation. Zu diesen Inhalten sollte man wirklich etwas zu sagen haben.

Informativ

sind inhaltliche Punkte, deren Kenntnis zwar wünschenswert wäre, aber nicht von grundlegender Bedeutung ist. Die Mehrzahl der Zuhörer sollen diese Inhalte verstehen.

Erwähnenswert

Was gibt es zu einem Thema zusätzlich zu sagen? Gemeint sind weitere Informationen zum Thema, aber nur dann, wenn ein ausreichendes Interesse besteht und noch Zeit zur Verfügung steht.

METHODEN ZUM „REDUZIEREN STATT KONSTRUIEREN"

3 STATT 20 ARGUMENTE

Für den Fall, dass Sie Vorteile bzw. Vorzüge eines Produktes präsentieren wollen, sollte das Publikum nicht alle 20 Argumente erfahren, sondern nur die wesentlichsten. Gibt es Eigenschaften des Produkts, die dem Zuhörer unmittelbaren Nutzen bringen? Wenn ja, präsentieren Sie ausschließlich diese Eigenschaften!

Sie sollten sich bereits im Vorfeld überlegen, welche drei Argumente am überzeugendsten sind und nur diese präsentieren. Denn wer Mut zur Lücke hat und die Zuhörer nicht überfordert, bleibt mit seiner Präsentation im Gedächtnis. Die restlichen 17 Argumente hingegen können im Handout stehen, das Ihre Zuhörer gegen Ende der Präsentation von Ihnen überreicht bekommen.

7PLUSMINUS2 NACH G. A. MILLER

Mithilfe der 7plusminus2-Methode kann eine Reduktion von Komplexität erzeugt werden. Diese Reduzierung macht eine Entscheidung oft erst möglich. Neben Entscheidungshilfen können damit auch die dazu notwendigen Präsentationsinhalte reduziert werden. Nach Miller liegt die Grenze der menschlichen Denkfähigkeit bei 7plusminus2 Informationen gleichzeitig. Wer mehr Informationen auf einmal präsentiert, erzeugt das Gefühl von Chaos. Ziel dieser Methode ist also, die Fülle an gesammelten Präsentationsinhalten so lange in Siebenerschritte zu zerlegen bzw. zu Siebener-Informationseinheiten zusammenzufassen, bis die Komplexität auf ein vom Menschen erfassbares Maß reduziert ist.

Vorgehen:
- Präsentationsziel definieren
- Alle Argumente/Inhalte auflisten, die eine Zielerreichung beeinflussen könnten. Alles, was mit der Fragestellung am Präsentationsbeginn zusammenhängt, ist wichtig.
- Alle Einzelfaktoren zu Siebenergruppen (plusminus 2) zusammenfassen. So bildet sich eine Struktur und einzelne Themenfelder treten konkreter hervor.
- Jetzt kann jedes Modul einzeln betrachtet, bewertet und priorisiert werden.
- Diese schrittweise Herangehensweise führt zu mehr Übersichtlichkeit, wobei einzelne Aspekte solange reduziert werden, bis die wichtigsten Inhalte in einer Siebenerliste (plusminus 2) zusammengefasst sind.

Dass in der Präsentationstechnik die 7plusminus2-Methode schon lange verwendet wird, zeigen die oft erwähnten und bewährten Hinweise bei der Gestaltung von Powerpoint-Textslides.

Sie lauten:
- Die maximale Anzahl der Zeilen pro Textfolie soll 7plusminus2 betragen.
- Die maximale Anzahl der Wörter je Zeile soll 7plusminus2 nicht überschreiten.

ELEVATOR PITCH

Eine weitere Methode heißt Elevator Pitch. Eine überzeugende Präsentation (Pitch = Verkaufsgespräch), darf nur soviel Zeit in Anspruch nehmen, wie eine Fahrt mit dem Aufzug (Elevator). Um mit dieser Blitzpräsentation Erfolg zu haben, sind folgende Zutaten notwendig:

- Emotionsgeladene, bildhafte Sprache.
- Punkt.genaue (präzise) Argumente.

Jede Präsentation muss nicht in 30 Sekunden durchgeführt werden, sondern wenn Sie sich gedanklich in diese Situation versetzen, bekommen Sie sehr rasch ein Gefühl dafür, welche Ihrer Informationen wirklich wichtig sind, um das Präsentationsziel zu erreichen.

Die Grundregel „Je kürzer Ihre Präsentation, desto gewichtiger ist jedes einzelne Wort" weist darauf hin, dass bei einer Elevator Pitch neben dem WAS auch das WIE sehr wichtig ist. Reduzieren Sie zum einen Ihre Inhalte, um Vorteile und Nutzen für Ihre Zuhörer klar und unmissverständlich aufzuzeigen, und kombinieren Sie diese zum anderen mit einer hochemotionalen und bildhaften Sprache.

Das Konzept der sogenannten „Aufzugspräsentation" stammt übrigens aus den 80er-Jahren. Damals nutzten ehrgeizige Verkäufer die knappe Dauer einer Fahrt mit dem Aufzug, um ihre Vorgesetzten von brillanten Ideen zu überzeugen. Heute nutzen Unternehmen den flotten Pitch vor allem dann, wenn es darum geht, ein Produkt oder eine ungewöhnliche Geschäftsidee schnell darzustellen. Sei es vor Kunden, Vorgesetzten oder potenziellen Geldgebern, das Ziel ist auch, unter vielen Konkurrenten hervorzustechen.

Aber wie soll man einen Elevator Pitch konkret in Angriff nehmen? Die wichtigste Regel lautet hier: Auf keinen Fall spontan! Auch wenn Sie von einer Sekunde auf die andere in Aktion treten müssen, können Sie nur dann begeistern und überzeugen, wenn richtige Argumente bereits parat sind. Unabhängig davon, wie interessant oder bahnbrechend eine Idee erscheinen mag, Ihr Gesprächspartner wird Ihnen nur dann Gehör schenken, wenn er für sich einen Nutzen erkennt.

Für den Pitch bedeutet das: Es gilt nicht, eine Idee zu beschreiben, sondern möglichst anschaulich aufzuzeigen, welches Problem dadurch gelöst werden kann oder welche Vorteile sich daraus ergeben.

punkt.genau präsentieren

Lieber nur einen konkreten Nutzen überzeugend präsentieren als viele andere.

REDUZIERUNG MITTELS CLUSTERING

Das Clustering als Methode für eine Themensammlung zu verwenden, scheint mir persönlich eine gute Wahl zu sein. Die vorliegende Gesamtübersicht kann unmittelbar zur Reduzierung verwendet werden. Durch das Zusammenfassen einzelner Themenblöcke und Priorisieren in wichtig, informativ und erwähnenswert erhält man unmittelbar einen Gesamtüberblick über die Kerninhalte seiner Präsentation.

REDUZIERUNG MITTELS MIND MAP

Haben Sie sich bei der inhaltlichen Präsentationsvorbereitung für die Methode Mind Map entschieden, lässt sich die Gliederung dieser Map meist direkt in das System einer Komplexitätsreduzierung umlegen.

Mind-Map-Bezeichnung	Komplexitätsreduzierung
Hauptzweige	wichtig
Zweige	informativ
Unterzweige	erwähnenswert

Zusammengefasst die bewährtesten Methoden zum Reduzieren:

- WIE-Prinzip (Wesentlich – Informativ – Erwähnenswert)
- Clustering
- 3 statt 20 Argumente
- 7plusminus2
- Elevator Pitch
- Mind Mapping

Der amerikanische Philosoph und Schriftsteller Ralph Waldo Emerson formulierte die Fähigkeit zum Reduzieren wie folgt:

„Es ist ein Beweis hoher Bildung, die größten Dinge auf einfachste Art zu sagen."

PRÄSENTATIONS-ABLAUF STRUKTURIEREN

Eine Präsentation besteht grundsätzlich aus drei Teilen: die Eröffnung, der Hauptteil und der Schluss. Um eine wirkungsvolle Dramaturgie entstehen zu lassen, sind alle drei Teile bei der Präsentationsvorbereitung zu berücksichtigen. Das Wichtigste bei einer Präsentation sind Sie! Dann kommen die Präsentationsinhalte. Aber neben dem Inhalt soll auch der Präsentationsablauf hohe Aufmerksamkeit bewirken!

Zur Festlegung der Dauer der einzelnen Phasen hilft folgende Grundformel:

- Eröffnung   Catch them   15 Prozent
- Hauptteil   Keep them   75 Prozent
- Schluss   Convince them   10 Prozent

Oder Sie halten es wie Mark Twain, der meinte:

„Eine gute Präsentation hat einen guten Anfang und ein gutes Ende. Beides sollte dicht beieinander liegen."

DIE GLIEDERUNG DER INHALTE

Folgende Fragestellungen erleichtern die Gliederung einer Präsentation:

- Wie gestalte ich den Ablauf meiner Präsentation?
- Welche Informationen eignen sich am besten, um die definierten Ziele zu erreichen?
- Welche Aussagen stehen im Mittelpunkt?
- Welchen Nutzen sollen die Zuhörer haben?
- Wie sieht die Gliederung aus? Was kommt an erster, zweiter, dritter Stelle?
- Welche Informationen werden in den drei Phasen der Präsentation verwendet?
- Wie erreiche ich bei der Eröffnung Aufmerksamkeit, kann begeistern und Spannung erzeugen?
- Welche Informationen bewirken im Schlussteil noch einmal die volle Aufmerksamkeit des Publikums?

VORBEREITUNG DER PRÄSENTATIONSERÖFFNUNG

Bei der Eröffnung bauen Sie zunächst den Kontakt zum Publikum auf, wecken das Interesse, lenken die Aufmerksamkeit auf sich und schaffen den Einstieg in das Thema. Der erste Ratschlag, den Sie an dieser Stelle immer erhalten, heißt: Begrüßen Sie Ihr Publikum und stellen Sie sich persönlich vor! Warum denken Sie, dass zu Beginn einer Präsentation viele Zuhörer nicht aufmerksam sind?

Na gerade deswegen, weil alle damit beginnen. Zur Erinnerung: Ihre erste Aufgabe ist, in Kontakt zu treten und Aufmerksamkeit zu erreichen. Diese Aufgabe erledigen Sie nicht mit: „Sehr geehrte Damen und Herren …". Eine Standardansprache ist höchstens das Eröffnungssignal getreu einer Pausenklingel. Ihre Zuhörer können sich in diesem Fall entspannt zurücklehnen, denn sie müssen nichts Neues befürchten. Wie wäre es aber um die Aufmerksamkeit bestellt, wenn Sie Ihre Präsentation mit einer Frage beginnen würden? Beispielsweise:

„Haben Sie sich schon einmal die Frage gestellt: ‚Was könnte ich persönlich dazu beitragen, dass im nächsten Quartal der Unternehmensgewinn um 100 000 EUR steigt?' Genau darum geht es nämlich in dieser Präsentation!"

Eine Frage an das Publikum zu stellen, ist die einfachste (leicht gesagt) und effektivste Art, die Gehirnaktivität Ihrer Zuhörer zu beeinflussen. Die Kunst dabei ist jedoch die Art der Fragestellung.

Mit einer Wissensfrage: „Sie kennen sicher die derzeit beste Veranlagungsform für Ihr Geld?" erreichen Sie häufig eine negative Re-Stimulierung von Schulerfahrungen. Sie können sich auf eine derartige Fragestellung keine Antwort erwarten. Zwar haben Sie Ihre Autorität verstärkt und wahrscheinlich Arroganz vermittelt, aber den Kontakt zum Publikum gleich zu Beginn der Präsentation verloren. Wählen Sie daher bewusst die Art der Frage aus. Hier die wichtigsten Fragearten und ein paar Tipps:

- Die rhetorische Frage
  Sie ist ein altbewährtes Stilmittel – rhetorische Fragen dienen nicht dem Informationsgewinn, sondern sind sprachliche Mittel der Beeinflussung. Auf eine rhetorische Frage erwartet der Präsentator keine (informative) Antwort, sondern es geht dabei um die verstärkende Wirkung einer Aussage. Der Präsentator drückt durch die rhetorische Frage seine eigene Meinung aus. Durch den Kontext und die Betonung wird die rhetorische Frage kenntlich. Die Antwort auf eine rhetorische Frage ist demnach Zustimmung oder Ablehnung, nicht aber Informationsvermittlung. Beispiel dazu:
  - „Treffen wir nicht alle einmal eine falsche Entscheidung?"
  - „Wie viele Reklamationen sollen wir noch bekommen?"
  - „Wollen Sie diese Chance nicht nützen?"

- Offene Fragestellung
  Diese ergibt ein breites Spektrum an Antwortmöglichkeiten. Man erfährt die Wünsche und Meinungen der Zuhörer. Im Normalfall fördern offene Fragen die Beziehung zwischen den Gesprächspartnern. Achten Sie aber darauf, dass Sie nicht gleich zu Beginn der Präsentation die Gesprächsinitiative an das Publikum abgeben und unfreiwillig eine Diskussion starten. Überlegen Sie sich auch im Vorfeld, was Sie mit den möglichen Antworten tun werden. Eines allerdings sollten Sie nie tun: Fragen ignorieren! Denn damit gewinnen Sie niemand für Ihre Präsentation. Beispiele:
  - „Wie viel Zeit verbringen Sie täglich mit Aufräumarbeiten?"
  - „Was bedeutet für Sie Erfolg?"
  - „Warum möchten Sie sich beruflich verändern?"

- Geschlossene Fragestellung
  Bei einer geschlossenen Frage sind die Antwortmöglichkeiten oft vorgegeben (ja, nein, weiß nicht). Bei einer Präsentation sollte man sich sehr genau überlegen, wann und ob man diese Art der Frage einsetzen will. Eröffnen Sie beispielsweise Ihre Präsentation mit der Frage: „Sind Sie mit der derzeitigen Form der Auftragsabwicklung zufrieden?", dann erreichen Sie gleich zu Beginn eine Polarisierung.

- Informationsfrage
  Wie der Name schon sagt, holen Sie mit dieser Art der Frage Informationen ein. Eine solche Frage beginnt immer mit „Wie", „Wann", „Wo", „Wer" oder „Wie viel". Beispiel: „Wann ist Ihr neues Büro fertig?"

- Alternativfrage
  Mit einer Alternativfrage geben Sie Ihren Zuhörern die Wahl zwischen zwei Möglichkeiten. Beispiel: „Mit dem derzeitigen Wissenstand: Welches der beiden Angebote würden Sie annehmen?"

- Suggestivfrage
  Bei der Suggestivfrage versuchen Sie als Präsentator, Ihre Zuhörer in Ihrem Sinne zu beeinflussen. Typisch für solch eine Frage sind Wörter wie „doch", „wohl", „auch", „bestimmt" oder „sicherlich". Beispiel: „Denken Sie nicht auch, dass …?"

- Motivierungsfrage
  Mit einer Motivierungsfrage bringen Sie Ihr Publikum dazu, aus sich herauszugehen. Beispiel: „Wie haben Sie es geschafft, in dieser wirtschaftlich herausfordernden Zeit so erfolgreich zu sein?"

- Provozierende Frage
  Vorsicht! Mit der provozierenden Frage greifen Sie an. Sie sollten diese Fragen nur gezielt und in Ausnahmesituationen stellen. Eines sollte Ihnen dabei klar sein: Mit dieser Fragetechnik machen Sie sich im Publikum keine Freunde! Beispiel: „Warum erreichen Ihre Führungskräfte nichts für Ihr Unternehmen?"

- Tipp zu „sicher" oder „möglicherweise"
  „Sie kennen sicher …" Mit dieser Formulierung setzen Sie Kenntnisse über einen Gegenstand oder Sachverhalt voraus. Ich verwende diese Formulierung nur dann, wenn ich mir auch wirklich sicher bin. Beispielsweise: „Sie kennen sicher ein Auto?" In der Regel ist es aber so, dass ich die Entscheidungsfreiheit dem einzelnen Zuhörer überlasse. Beispiel: „Möglicherweise haben Sie bereits von der Neuerung im Unternehmen erfahren?"

- Tipp zur Pause
  Legen Sie nach jeder Frage eine Pause ein (ca. 2 Sekunden lang), damit Ihr Publikum gedanklich oder verbal reagieren kann. Und: Lassen Sie sich nicht dazu hinreißen, nach Ihrer eigentlichen Frage noch eine Erklärung nachzuschieben – auch nicht, wenn Ihr Gegenüber sich mit seiner Antwort Zeit lässt. Wenn Sie Ihre Frage gestellt haben, müssen Sie nur geduldig sein, aufmerksam zuhören und gegebenenfalls noch einmal zurückfragen. Keine Angst, auch hier gilt: Übung macht den Meister!

SEVEN STEPS FÜR DIE ERFOLGREICHE PRÄSENTATIONSERÖFFNUNG

- Aussehen und Auftreten: Achten Sie auf ein gepflegtes Aussehen. Gewaschene Haare, ein gepflegtes Gesicht und eine angemessene, ordentliche Kleidung sind absolut unverzichtbar. Die Wahl der richtigen Kleidung unterstützt Sie dabei, Ihr Auftreten professionell wirken zu lassen. In weiterer Folge gilt: Erst aufstehen, dann reden. Wer aufsteht, sich dem Publikum zeigt und auf das Publikum zugeht, weckt mehr Neugier als jemand, der an seinem Platz verharrt.

- Nennen Sie den Anlass und das Thema. Die Frage: „Worum geht es heute?" sollten Sie unmittelbar am Beginn beantworten.

- Bewegung ist Ursache für Aufmerksamkeit. Physisch oder psychisch, sorgen Sie unmittelbar für Bewegung in den Köpfen ihrer Zuhörer. Aktivieren Sie deshalb mit einer rhetorischen Frage und stimulieren Sie damit die Gedanken ihres Publikums: „Möglicherweise haben Sie sich schon einmal die Frage gestellt, …
  … wie Sie x-Tausend Euro einsparen können?"
  … wie die Qualität gesteigert werden kann, ohne dabei die Kosten zu erhöhen?"
  … wie Sie aus den roten Zahlen kommen?"
  … wo es eine Lösung für das bestehende Problem x gibt?"
  … wann es mit den Umsatzzahlen wieder bergauf geht?"
  … wie man schneller zeichnen kann als schreiben?"
  … wie Sie komplexe Inhalte rasch auf den Punkt bringen können?"

- „Diese Frage zu beantworten ist Zweck der folgenden Präsentation. Dazu heiße ich Sie herzlich willkommen." Jetzt wirkt eine persönliche Vorstellung viel spannender als gleich zu Beginn. Sie ist jetzt Teil Ihrer Präsentation und nicht einfach eine Floskel. Überlegen Sie, was Sie zur eigenen Person sagen werden und schaffen Sie eine positive Beziehung zu Ihrem Publikum. Denn, wer die Herzen seiner Zuhörer gewinnt, der gewinnt auch die Köpfe seiner Zuhörer!

- Zeigen Sie auf, was Ihr Präsentationsthema mit den Zuhörern zu tun hat. Machen Sie deren Nutzen erkennbar. Wie und warum profitieren Ihre Zuhörer von Ihrer Präsentation? Jetzt ist der richtige Zeitpunkt, mit den Antworten herauszurücken.

- „Das erwartet Sie in den folgenden … Minuten." Zeigen Sie den roten Faden und erzählen Sie keine Geschichte. Sie wissen: Gesagt ist nicht gehört, gehört ist nicht verstanden, verstanden ist nicht … Durch den Einsatz einer wirkungsvollen Visualisierung haben Sie einen hervorragenden „Eye-catcher", der gleichzeitig einen Überblick darstellt.

- An diesem Punkt erfolgt der Übergang zum Hauptteil der Präsentation. Kündigen Sie den ersten inhaltlichen Punkt an und leiten Sie zum Hauptteil Ihrer Präsentation über.

Ideal startet jener Präsentator, der sein Publikum überrascht.

Bringen Sie etwas, womit niemand rechnet!

VORBEREITUNG ZUM HAUPTTEIL DER PRÄSENTATION

AAAA diese Abkürzung beschreibt einen wichtigen Grundsatz für erfolgreiche Präsentationen und steht für „Anders Als Alle Anderen". Gemäß diesem Motto empfehle ich Ihnen, sich auch einmal abseits von traditionsbehafteten Präsentationsabläufen zu bewegen.

- Was wissen Ihre Zuhörer noch, wenn sie nach der Präsentation den Raum verlassen?
- Wie lange bleiben die neuen Informationen in den Köpfen Ihrer Zuhörer? Eine Minute, eine Stunde, einen Tag, zwei Wochen, drei Monate oder noch länger?

Das sind die zwei wesentlichen und richtungsweisenden Fragen, deren Antworten Ihren Präsentationserfolg bestimmen. Überlegen Sie sich bereits jetzt, wie und mit welchen Mitteln Sie eine hohe Nachhaltigkeit Ihrer Präsentation erreichen werden. Der Hauptteil der Präsentation sollte demnach aus einem professionellen Mix von Methoden und Techniken bestehen, der es schafft, die Aufmerksamkeit der Zuhörer zu halten.

> *Sie können über alles reden, aber nicht länger als 20 Minuten!*

Gemeint ist, nicht länger als 20 Minuten ohne Methodenwechsel. Das Ganze allerdings mit einer einzigen Einschränkung: Wenn es Ihnen gelingt, die Aufmerksamkeit zu halten, etwa weil das Thema sehr interessant ist oder Sie das Publikum ohnehin fesseln können, dann erübrigt sich dieser Ratschlag. Denn wozu die Methode wechseln, wenn Ihre Zuhörer ohnedies aufmerksam sind. Sie können demnach Ihre Präsentation nach

- der klassischen Methode „Inhaltsverzeichnis" strukturieren,
- oder Sie strukturieren die Inhalte publikumswirksam.

Strukturieren nach der klassischen Methode bedeutet: Der Hauptteil einer Präsentation gliedert sich in Haupt- und Unterpunkte. Überlegen Sie sich, wie viel Information Ihre Zuhörer in der zur Verfügung stehenden Zeit aufnehmen können und überprüfen Sie an dieser Stelle nochmals Ihre bereits auf das Wesentlichste reduzierte Präsentationsvorbereitung. Achten Sie dabei auf den logischen Aufbau Ihrer Präsentation, damit sie eine runde Sache wird.

Publikumswirksam strukturieren hat wenig mit einem Inhaltsverzeichnis zu tun, sondern eher damit, Menschen für etwas zu gewinnen. Fragen Sie also nicht: „Welche Informationen muss ich vermitteln, damit ich meine Ziele erreiche?", sondern fragen Sie: „Was interessiert mein Publikum wirklich, was ist relevant und wie kann ich mein Publikum zu einer Reaktion motivieren?" Versetzen Sie sich dabei in die Gedankenwelt und die Wortwahl Ihrer Zuhörer:

- Was interessiert meine Zuhörer oder was brauchen sie?
- Welche Probleme wollen sie lösen und welche Fragen stellen sie?
- Warum interessiert das die Zuhörer und was bringt es ihnen?
- Was wollen sie über das Thema wissen und was hilft ihnen weiter?

Nehmen Sie sich für diese Vorüberlegungen Zeit. Je treffender Ihr Ergebnis ist, desto zielorientierter werden Sie Ihre Präsentation aufbauen und desto gewinnender wird sie sein.

punkt.genau präsentieren

GRUNDSTRUKTUR

Der Aufbau Ihrer Präsentationsstruktur ist abhängig davon, ob Sie informieren, motivieren, argumentieren oder überzeugen wollen. Das ist in der Planung zu berücksichtigen.

Ganz allgemein gilt: Für die Grundstruktur Ihrer Präsentation benötigen Sie fünf Sätze.

- Erster Satz: Beschreiben Sie allgemein, was Ihre Zuhörer bewegt.
- Zweiter Satz: Beschreiben Sie allgemein, was Ihre Antwort bzw. Ihre Lösung dafür ist.
- Dritter bis fünfter Satz: Führen Sie drei Argumente auf, warum Ihre Antwort/Lösung die bestmögliche Antwort/Lösung für Ihr Publikum ist. Diese drei Kernargumente oder Kernaussagen sind die „Überschriften" für die dazugehörigen Argumentationsblöcke.

Die ersten beiden Sätze sind die Basis für Ihre einführenden Worte und zugleich Aufhänger und Motor für den Hauptteil. Die Kernaussagen sind die Basis für Ihre Argumentation; sie können je nach Präsentationsdauer vertieft werden. Die komplette Struktur umfasst je nach Präsentationsziel 10 bis 12 Sätze plus Stichwörter für die zugeordneten Argumente. Diese wenigen Sätze prägen sich leicht ein, und Sie als Präsentator können frei reden, ohne den roten Faden oder das Timing aus den Augen zu verlieren.

Die Vorteile dieser Struktur liegen auf der Hand:
- Klare Gedankenführung und die Verbindung der Zuhörerinteressen mit Ihren Zielen.
- Die Argumentation ist übersichtlich und verständlich in Blöcken geordnet.
- Sie kommen immer wieder auf den Punkt, erklären, kommen wieder auf den Punkt.
- Die Struktur prägt sich auch beim Publikum ein.
- Sie schützt vor Aufzählung und Komplexität, ermöglicht angeregtes Erzählen und individuell abgestimmtes Argumentieren.
- Mit einem zusätzlichen Einführungs- und Aktivierungssatz haben Sie zugleich einen Elevator Pitch für Ihren Vortrag in sieben prägnanten Sätzen.
- Sie können diese Präsentationsstruktur ohne Qualitätsverlust kurzfristig ändern. Um zu kürzen werden zum Beispiel einfach die vertiefenden Argumente weggelassen.

DIE DREIERREGEL VON STEVE JOBS

Von den durchschnittlich elf Beiträgen einer täglichen Nachrichtensendung erinnern sich die Zuschauer in der Regel nur an drei. Steve Jobs perfektionierte diese Dreierregel, indem er die Erkenntnis, dass sich Menschen eher an drei als an sechs oder acht Themen erinnern, bei seinen Präsentationen anwendete. Im September 2009 präsentierte er drei Produkte: iPhone, iTunes und iPod. Während seiner Präsentation baute Jobs immer wieder Anker ein, die die einzelnen Stationen kenntlich machten. „Zuerst werde ich über das iPhone sprechen." „Nun werde ich mit Punkt zwei fortsetzen." Zugegebenermaßen ist es manchmal eine Herausforderung, sich stets auf nur drei Punkte zu beschränken. Vor allem dann, wenn Sie Wissen oder Fakten vermitteln möchten. Das allerdings war auch Steve Jobs klar. Aus diesem Grund verwies Jobs zwischendurch auch immer wieder auf tiefergehende Informationen auf der Apple-Site. Reduzieren statt Konstruieren, diesen Grundsatz wendete Jobs bestens an. Aber auch Sie können Querverweise geben, auf Quellen hinweisen oder im Anschluss an Ihre Präsentation ein Handout mit ausführlichen Informationen zur Verfügung stellen.

INFORMATIONSPRÄSENTATIONEN

Präsentationen zum Zweck der reinen Informationsvermittlung besitzen in der Regel nicht die Dramatik einer Überzeugungspräsentation. Grund genug, auch für Informationspräsentationen einen effizienten Ablauf zu planen, denn die langweilige Version kennen Sie möglicherweise schon.

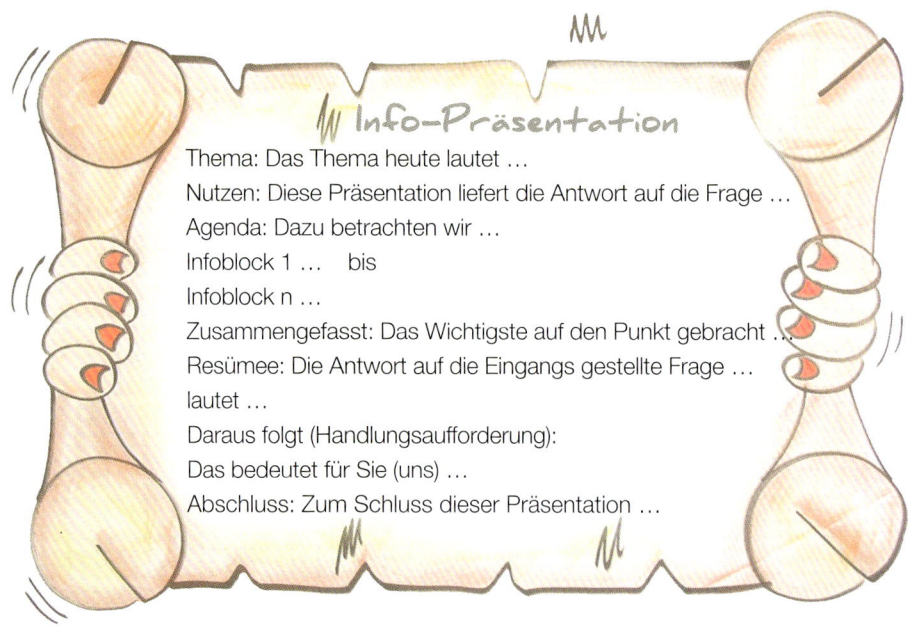

Info-Präsentation
Thema: Das Thema heute lautet …
Nutzen: Diese Präsentation liefert die Antwort auf die Frage …
Agenda: Dazu betrachten wir …
Infoblock 1 … bis
Infoblock n …
Zusammengefasst: Das Wichtigste auf den Punkt gebracht …
Resümee: Die Antwort auf die Eingangs gestellte Frage … lautet …
Daraus folgt (Handlungsaufforderung):
Das bedeutet für Sie (uns) …
Abschluss: Zum Schluss dieser Präsentation …

DAS PYRAMIDEN-PRINZIP

Dieser Präsentationsaufbau unterstützt ebenfalls einen Präsentationsablauf zum Zweck der Information, aber er eignet sich vor allem zur Argumentation. Die englische Kommunikationstrainerin Barbara Minto empfiehlt für den Aufbau von Präsentationen ihr Pyramiden-Prinzip (MPP – Minto Pyramid Principle). Mit MPP ist gemeint, dass der Ablauf einer Präsentation an die Form einer Pyramide angelehnt wird, also in einer hierarchischen Struktur von Gedanken und Argumenten stattfindet, bei der Einzelaussagen nur dazu dienen, die Kernaussage oder zentrale Botschaft zu untermauern. Das Prinzip, seine Thesen und Argumente in diese hierarchische Ordnung zu bringen, bedingt zumeist eine Anlehnung an die klassische Präsentationsmethode.

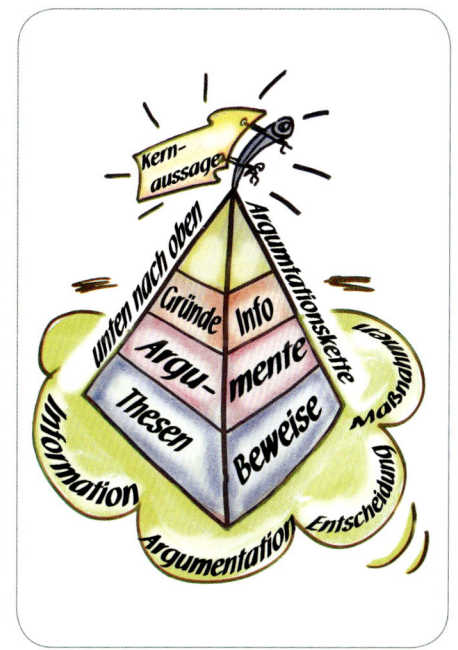

Im Gegensatz zu einem guten Krimi, wo der Spannungsbogen erst ganz zum Schluss aufgelöst wird, dürfen und sollen die Zuhörer frühzeitig wissen, was herauskommt. Denn oft ist es leichter, eine Begründung zu verstehen und auf ihre Stichhaltigkeit zu überprüfen, wenn man die Kernaussage bereits am Beginn einer Präsentation kennt und nicht erst am Schluss einer Argumentationskette erfährt.

Wenn der formale Aufbau einer Präsentation lautet:
„Meine Empfehlung ist …,
die Gründe dafür sind …",
dann können die Zuhörer jede einzelne Begründung unmittelbar auf Plausibilität prüfen und ob sie die präsentierte Empfehlung tatsächlich untermauert.

Lautet der Präsentationsaufbau hingegen:
„Ich habe Folgendes festgestellt, erstens … zweitens … drittens … und deshalb empfehle ich …",
dann müssten sich die Zuhörer sämtliche Argumente bis zu diesem Punkt merken. Denn erst, wer die Empfehlung kennt, kann überprüfen, ob die ausgeführten Argumente die Kernaussage auch tatsächlich stützen. Schließlich wäre es möglich, dass die angeführten Argumente zwar in sich schlüssig sind, aber dennoch eine ganz andere Schlussfolgerung zulassen. Wie so oft haben Regeln auch Ausnahmen oder anders gesagt: „Wo viel Licht ist, ist auch viel Schatten!" Das gilt auch für das Präsentationssystem der Pyramide.

Der Präsentationsablauf der Pyramide ist nicht zu empfehlen, wenn Sie damit rechnen müssen, dass Ihre Zuhörer die Kernaussage(n) spontan ablehnen und somit für eine darauf hinführende Argumentation nicht mehr zugänglich sind.

Hier wäre es ratsam, nicht mit der Tür ins Haus zu fallen, sondern durch eine schrittweise Beweisführung den Boden für eine schwer verdauliche Kernaussage aufzubereiten. Einen Versuch ist es aber allemal wert, denn eine mögliche Ablehnung ist immer noch besser als eine sichere Abfuhr. Am Pyramiden-Prinzip bzw. der hierarchischen Struktur der Argumentationskette ändert dies im Übrigen nichts. Die formale Struktur „Kernaussage – unterstützende Argumente – Beweise" bleibt dieselbe, nur die Reihenfolge, in der die Punkte genannt werden, unterscheidet sich.

ÜBERZEUGUNGSPRÄSENTATION

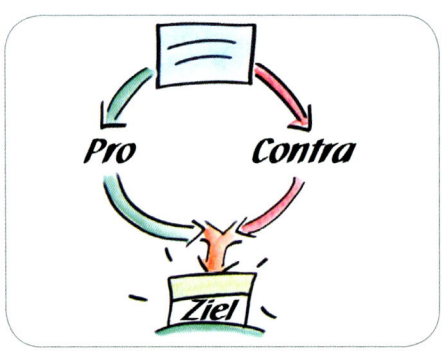

Die Überzeugungspräsentation als Reihe einer Argumentationskette für beispielsweise eine umzusetzende Projektidee, eine durchzuführende Maßnahme oder eine Empfehlung, beinhaltet nach der klassischen Methode die übliche rhetorische 5-Satz-Technik. Wobei auch hier unterschiedliche Ablaufformen zu finden sind. Grundsätzlich gilt jedoch, dass sich der Präsentationsablauf in fünf Schritte gliedert:

- Einleitender Satz, Thema: Darüber rede ich.
- Pro-Argumente: Das spricht dafür.
- Contra-Argumente: Das spricht dagegen.
- Bewertung: Es überwiegt der ….
- Ergebnis: Meine Botschaft lautet daher …

Dieser Klassiker lässt sich sehr leicht verbessern, indem publikumswirksamer strukturiert und argumentiert wird. Hier ein Beispiel dazu, wo die Eröffnungsphase bereits mitberücksichtigt wird.

- Thema: Worum geht es heute?
- Nutzen: Dieses Thema ist wichtig für Sie (uns), weil …
- Ist-Zustand: Wie sieht die derzeitige Situation / das derzeitige Problem aus?
- Negative Auswirkungen: Was passiert, wenn nichts passiert?
  ▸ Drei negative Auswirkungen!

- Zielorientierung: Daher ist es wichtig (richtig), dass …
- Empfehlung / Vorschlag: Deshalb empfehle ich / schlage ich vor …
  - ▸ … das bedeutet konkret / im Detail …
- Positive Auswirkungen: Welche Vorteile bringt das für Sie?
  - ▸ Drei positive Argumente!
- Botschaft / Handlungsanweisung: Der nächste Schritt für eine erfolgreiche Umsetzung ist / sollte sein …
- Conclusio: Somit verändert sich / wird bewirkt …

SCHLUSSPUNKT PLANEN

Der Abschluss einer Präsentation ist neben der Eröffnung eine der wichtigsten Phasen im Ablauf einer Präsentation. Bei der Festlegung der Dauer einer Abschlussphase erinnern Sie sich an die zeitliche Grundformel: Schlussdauer ca. 10 Prozent. Das bedeutet, bei einer Präsentationsdauer von 20 Minuten planen Sie zwei, maximal drei Minuten für die Schlussphase ein. Der Übergang vom Hauptteil zur Schlussphase muss für das Publikum klar erkennbar sein. Der daraus resultierende Vorteil für Sie: Volle Aufmerksamkeit Ihrer Zuhörer! Denn jetzt wissen alle, dass gleich Schluss ist. Somit können Sie Ihre Botschaften und Empfehlungen an dieser Stelle der Präsentation nochmals nachhaltig vermitteln.

Der erste Eindruck zählt,
der letzte Eindruck bleibt.

Die Gegenthese dazu lautet: „Wer gut präsentiert hat, braucht keine Zusammenfassung am Ende seiner Präsentation!" Das gilt meiner Erfahrung nach vielleicht für eine 3-Minuten-Blitzpräsentation, aber nicht für 20-Minuten-Präsentationen. Denn so viel Information kann sich niemand merken.

Ein Schlusswort sollte also mehr sein als nur ein soziales Geräusch. „Danke, ich wünsche ich Ihnen noch einen guten Heimweg, die Bar schließt um 24 Uhr, …" – all das sind zwar höfliche Sätze, aber kein besonders kreativer und nachhaltiger Abgang.

„Ich bin ein Berliner!"

Diesen Satz kennt jeder – im Gegensatz zum Rest der Rede von John F. Kennedy, die er 1963 vor dem Schöneberger Rathaus in Berlin hielt. Als Präsentator sind Sie also gut beraten, einen Schlusssatz zu finden, der Ihrem Publikum auch noch nach Ihrer Präsentation lange in Erinnerung bleibt.

Was Sie am Schluss Ihrer Präsentation sagen, hat großen Einfluss darauf, welchen Eindruck Sie bei Ihrem Publikum hinterlassen und mit welchen Gefühlen Ihre Zuhörer den Raum verlassen. Ihr Präsentationsschluss ist also ganz entscheidend!

Eine besonders unangenehme Situation, die aber in der Praxis häufig vorkommt, besteht darin, dass am Ende einer Präsentation niemand den Schlusspunkt erkennt. Somit beginnt ein sehr nervenbelastendes Spiel mit dem Namen:

„Was passiert, wenn nichts passiert?"

Das Spielergebnis lautet immer: ein verwirrtes Publikum und ein mit Noradrenalin überschütteter Präsentator. Nutzen Sie daher die Chance, nochmals das Wichtigste auf den Punkt zu bringen und Ihrer Präsentation eine nachhaltige Wirkung zu verleihen. Selbst jene Zuhörer, die gedanklich noch nicht ganz bei der Sache waren, werden sich zum Schluss Ihren Worten zuwenden.

Für die Schlussphase der Präsentation empfehle ich folgende Struktur:

- Schluss ankündigen
- das Wichtigste zusammengefasst
- auf den Punkt gebracht. Zielsatz …
- Abschluss

Die ersten drei und die letzten zwei Sätze Ihrer Präsentation müssen Sie im Schlaf beherrschen.

punkt.genau präsentieren

SCHLUSS ANKÜNDIGEN

mit einer rhetorischen Phrase können Sie die Schlussphase einleiten. Hier einige Beispiele, die sich bestens bewährt haben:

- „Abschließend, für Sie, das Wichtigste auf den Punkt gebracht."
- „Und dieser letzte Punkt, den ich Ihnen gleich nenne, ist der Wichtigste von allen."
- „Ich komme nun kurz vor Schluss zur Kernaussage meiner Präsentation."
- „Rückblickend auf das Ziel meiner Präsentation …"

Wie immer gibt es auch hier Befürworter und Gegner dieser Strategie. Ich persönlich gehöre zu den Befürwortern. Letztendlich kommt es aber immer darauf an, wie diese Ankündigung passend zur gewählten Präsentationsstruktur formuliert wird.

DAS WICHTIGSTE ZUSAMMENGEFASST

Fassen Sie noch einmal die wichtigsten Aussagen/Argumente/Informationen Ihrer Präsentation zusammen.

Untermauern Sie Ihre Botschaft!

- „Die wesentlichen Punkte noch einmal zusammengefasst …"
- „Die wichtigsten Aussagen meiner Präsentation lauten …"
- „Zusammenfassend die gewichtigsten Informationen sind …"
- „Die drei wichtigsten Argumente sind …"
- „Ihr persönlicher Vorteil ist …"
- „Damit Sie in Zukunft erfolgreich sind …"

Visualisierungen sichern die Nachhaltigkeit.

AUF DEN PUNKT GEBRACHT:

MEINE BOTSCHAFT, MEINE EMPFEHLUNG, …

- „Daher empfehle ich Ihnen …"
- „Auf den Punkt gebracht: Das Ziel kann nur sein …"
- „Der Zielpunkt ist …"
- „Die Antwort auf die eingangs gestellte Frage … lautet …"
- „Achten Sie in Zukunft verstärkt auf … "
- „Die Zielrichtung dürfen wir nicht aus den Augen verlieren, sonst …"
- „Ihr Erfolg ist mir wichtig! Daher …"

DEN SCHLUSS AKTIV FORMULIEREN

„Ich danke Ihnen für Ihre Aufmerksamkeit." Damit können Sie nichts falsch machen, aber punkten können Sie damit auch nicht – dieser Satz ist absoluter Standard. Kreativität sieht anders aus.

- „Ich wünsche Ihnen viel Erfolg für die Umsetzung der genannten Punkte."
- „Ich hoffe, was Sie hier gehört haben, hat Sie gut unterhalten. Manche Zuhörer verlassen meine Vorträge enorm inspiriert, andere wachen erfrischt auf."
- „Wenn ich Ihre Aufmerksamkeit halten konnte, dann ist jetzt der richtige Zeitpunkt, zum Ende zu kommen. Wenn nicht, ist jetzt allerhöchste Zeit, zum Ende zu kommen."
- „Meine Aufgabe war es, zu präsentieren, und Ihre zuzuhören. Ich hoffe wir kommen zur gleichen Zeit zum Schlusspunkt."
- „Und nun, sehr geehrte Damen und Herren, können Sie mich alles fragen, was Ihnen auf der Zunge brennt. Wenn ich die Antwort weiß, werde ich Ihnen antworten. Falls ich sie nicht weiß, dann antworte ich Ihnen trotzdem."

ERFOLG IST DAS, WAS FOLGT!

Präsentationserfolg ist immer ein großes Wort, aber was ist eigentlich unter dem Begriff Erfolg zu verstehen und wer definiert diesen Erfolg? Sie selbst, Ihr Chef, das Publikum? Erfolg im herkömmlichen Sinn bezeichnet das Erreichen selbst gesetzter Ziele. Daher ist es wichtig, sich die offiziellen Ziele und gleichermaßen die inoffiziellen Ziele vor Augen zu halten. Inoffizielle Ziele, also jene, die nicht offen dargelegt werden, sind in der Regel positive Verstärker für Ihre künftigen Präsentationen.

Letztlich wird Erfolg von außen und von innen bestimmt. Erfolgskriterien sind:

- das Erreichen definierter Präsentationsziele
- die Zustimmung entscheidungsbefugter Personen
- begeisterte Zuhörer
- Anerkennung durch positive Rückmeldungen
- ein positives Selbstbild durch positive Zuhörerreaktionen
- etwas bewegt zu haben (neue Gedankenwege, neue Handlungsdirektiven, …)
- Aufträge zu bekommen

Reaktionen auf Ihre
    Präsentation müssen gleich
im Anschluss folgen.

VISUALISIEREN

Lange Zeit schon sind sich Experten darüber einig, dass die Aufnahme und das Verstehen von Informationen durch Visualisierungen wesentlich vereinfacht und beschleunigt werden. „Zeigen Sie, was Sie zu sagen haben!" So lautet ein wichtiger Grundsatz für visuell gestützte Präsentationen. Bilder machen Komplexes und Kompliziertes verständlicher und dienen als Informationsverstärker und Gedächtnisstütze. Allerdings, wenn es nur darum geht, konkrete, sich selbst erklärende Inhalte dazustellen, ist eine zusätzliche bildhafte Darstellung zwar förderlich, aber nicht unbedingt notwendig. Wie aber sieht das bei komplexen, für das Publikum auf den ersten Blick nicht greifbaren oder abstrakten Inhalte aus? Mit erklärenden Visualisierungen wecken Sie einerseits die Aufmerksamkeit der Zuhörer und steigern das Interesse, andererseits schaffen Sie Klarheit und Übersicht. Nutzen Sie daher das enorme Potenzial der visuellen Sprache. Auch bei der Visualisierung gilt der Grundsatz: Reduzieren statt konstruieren!

VISUELL KOMMUNIZIEREN

Der Begriff „Visuelle Kommunikation" als eine der tragenden Säulen in der Vermittlung von komplexen Informationen beinhaltet viele wesentliche Faktoren. Diese sind inzwischen wohlbekannt, umso schwerer ist nachvollziehbar, warum gerade in unserer modernen Zeit diese wichtigen Details unterschätzt oder außer Acht gelassen werden.

Eines sollten wir uns vor Augen halten: Visuelle Sprache ist immer ehrlicher als das gesprochene Wort. Das Bild eines lachenden Kindes lässt sich auch durch sprachliche Argumente nicht in seiner Aussagekraft verändern. Es wird selbst durch rege Umdeutungsversuche keine negative Stimmung bewirken. Ebenso weist die oft gestellte Frage „Wo steht das geschrieben?" auf die große Bedeutung des schriftlich Festgelegten hin.

Ob geschrieben oder gezeichnet, eine Visualisierung besitzt immer eine höhere Glaubwürdigkeit. Wenn man das weiß, kann man mithilfe von bildhaften Darstellungen auf einfache Art und Weise Einstellun-

punkt.genau präsentieren

gen, Standpunkte, Argumente oder Inhalte vermitteln. Ebenso lassen sich komplexe Themen verständlicher präsentieren und Aussagen auf den Punkt bringen. Wenn Ihre Präsentation dann noch zusätzlich von einem lebhaften und dynamischen Zeichenstil unterstützt wird, ist das Publikum nicht nur begeistert, auch Entscheidungen werden damit merklich beschleunigt.

Unabhängig davon, ob Sie Ihre Visualisierungen am Flipchart erstellen oder nur darstellen, zu PowerPoint-Präsentationen greifen sollen oder wollen, mittels interaktivem Display eines Tablet-Laptops oder mit einem ipad visualisieren: Verwenden Sie Ihr bevorzugtes Medium oder besser noch, kombinieren Sie unterschiedliche Medien mit einem professionellen Mix.

DIE QUALITÄTSSTANDARDS VON MEDIEN BEEINFLUSSEN IHRE PERSÖNLICHE PRÄSENZ

Qualität – was ist das eigentlich? Als ehemaliger und erfolgreicher Qualitätsmanager (ehemalig deshalb, weil ich es heutzutage mit der normativ geforderten ISO-Qualität nicht mehr so genau nehme, sondern mehr auf eigene Standards vertraue) versuche ich den Begriff mit einer allgemeinen Definition darzustellen: „Qualität ist als Grad der Übereinstimmung zwischen Ansprüchen bzw. Erwartungen (Soll) an ein Produkt und dessen Eigenschaften (Ist) anzusehen." Na ja, da haben wir es schon. Es kommt also auch bei Ihrer Medienwahl auf die Erwartungen Ihres Publikums an. In vielen Unternehmen „erwartet" man sich eine PowerPoint-Präsentation und das schon seit Jahrzehnten. Unabhängig davon, ob es die Zuhörer begeistert oder nicht, ob sich jemand aus den Präsentationen etwas mitnehmen kann oder nicht, PowerPoint bleibt PowerPoint. Es wird als Teil einer Unternehmenskultur angesehen. Nicht zu vergessen ist allerdings der Zusammenhang zwischen der Wirkung eines Präsentators in Abhängigkeit vom Qualitätsstandard des gewählten Mediums. Das bedeutet:

Je qualitativ höher das verwendete Medium ist, desto mehr verlieren Sie als Person an Wirkung.

Somit haben Sie bei der Verwendung von PowerPoint oder anderen hochqualitativen Medien einen starken Konkurrenten, der Ihre Wirkung zunächst mal grundsätzlich reduziert. Wenn es nun zum wiederholten Male heißt, das Wichtigste in einer Präsentation sind Sie, na dann frage ich mich, warum sich viele Präsentatoren damit selbst ins Abseits stellen? Die Antwort lautet: Unsicherheit!

Die nebenstehende Darstellung zeigt die Auswahl unterschiedlicher Medien in Abhängigkeit der Qualitätstandards von Medien und der damit verbundenen persönlichen Wirkung eines Präsentators. Je höher der Qualitätsgrad des gewählten Mediums, umso schwächer wirkt die eigene Persönlichkeit während einer Präsentation. Daraus folgt: Die Möglichkeiten zur Kontaktaufnahme und zur Interaktion mit dem Publikum sind bei PowerPoint & Co meist sehr eingeschränkt. Sie können sich diese Abhängigkeit aber zu Nutzen machen, indem Sie die Aufmerksamkeit des Publikums bewusst steuern.

Der bereits angesprochene Medienmix ermöglicht Ihren Zuhörern spannende Abwechslung während Ihrer Präsentation. Wichtig dabei ist die Professionalität, nicht nur in der Gestaltung der bildhaften Informationen, sondern auch im Umgang mit den einzelnen Medien. Kompetenz ist nicht nur am Inhalt erkennbar. Ein Medium ist ein Hilfsmittel, das Informationen besser vermitteln kann, und kein Konkurrent. Das sollte man dabei nicht vergessen.

punkt.genau präsentieren

DIE VIER BAUSTEINE DER VISUELLEN KOMMUNIKATION

Um schnell und professionell visualisieren zu können, benötigen Sie Hintergrundwissen zu den vier Bausteinen der visuellen Kommunikation. Diese sind allgemein gültig und unabhängig vom jeweiligen Medium. Was sich aber unterscheidet, sind die angesprochenen Qualitätsstandards. D. h. je höherwertiger das Medium, umso genauer, um nicht zu sagen professioneller, sollten die Visualisierungen sein.

Doch zunächst zu den vier Kategorien:
- Text
- Farben
- Symbole
- Bilder

TEXT

Texte können Sie immer schreiben. Oft wird dies auch erforderlich sein, um eine klare und unmissverständliche Aussage treffen zu können. Um Inhalte punkt.genau zu vermitteln empfehle ich:

„Schreiben Sie so wenig wie möglich, zeichnen Sie so viel wie notwendig!"

Bilder haften bekannterweise viel besser im Gehirn als Texte und helfen uns dabei, Informationen zu rekonstruieren. Als Grundsatz für die Gestaltung von Texten gilt: Je abstrakter der zu präsentierende Inhalt, desto geeigneter ist die Wortsprache, je konkreter ein Sachverhalt, desto geeigneter ist die Bildsprache. Abhängig vom Medium sind unterschiedliche Kriterien bezogen auf die Textgestaltung zu beachten. Sie finden diese in weiterer Folge dem jeweiligen Medium zugeordnet.

FARBEN

Farbe ist Information! Dieser Grundsatz der visuellen Kommunikation zeigt die Wichtigkeit von Farbgestaltung auf. Farben zu verwenden kostet allerdings auch Zeit und setzt ein Hintergrundwissen über die Farbenpsychologie voraus. Werden Visualisierungen mit der richtigen Wahl der Farbe unterstützt, wird die Wirkung einer Aussage vielfach gesteigert. Gegenteiliges wirkt allerdings inkongruent. Das bedeutet, dass ein falsch gewählter Farbton einen Widerspruch in einer Aussage erzeugt. Der Einsatz von richtig gewählten Farben zeugt von Professionalität und unterstützt den Erfolg einer Präsentation.

DAS WICHTIGSTE ZUR FARBENLEHRE

Farben gehören zu den stärksten visuellen Reizen überhaupt und haben Menschen seit jeher fasziniert. Farben machen nicht nur unser Leben lebendiger und freundlicher, sondern auch Präsentationen bunter und vielfältiger. Mit Farben können Sie Aufmerksamkeit erwecken, Blicke lenken, Ordnung schaffen und Emotionen auslösen. Nachdem ungefähr 80 Prozent aller Informationen, die ein Mensch erhält, visuell übermittelt werden, ist die Bedeutung und Wirkung von Farben sehr wichtig. Das weist auch auf den Stellenwert der Farbenlehre für punkt.genaue Präsentationen hin. Wir sehen Farben mit unseren Augen, die Verarbeitung erfolgt jedoch in unserem Gehirn. Visuelle Informationen sind daher immer Farbinformationen.

In der Vergangenheit hat es viele Farbenlehren gegeben. Sie sind meistens durch empirische Branchenerfahrungen, individuelle Beobachtungen, Hypothesen oder Intuition entstanden. Mit den heutigen Software-Werkzeugen lassen sich fast unbeschränkt unterschiedliche Farben erzeugen. Doch sollte man daran denken, dass Reduzierung und Einfachheit zu unseren wichtigsten Leitprinzipien gehören.

punkt.genau präsentieren

- Setzen Sie Farben zielorientiert ein.
- Nehmen Sie nicht mehr Farbe, wenn auch weniger genügt.
- Bewusster Einsatz von Hell und Dunkel schafft Klarheit und Kontrast.
- Ein Hell-Dunkel-Kontrast zwischen Text und Hintergrund sorgt für eine gute Lesbarkeit.
- Je größer eine Fläche, desto heller sollte die Farbe sein.
- Kleine Flächen vertragen klare und reine (d. h. gesättigte) Farben.
- Benützen Sie Farben, um Wesentliches darzustellen und nicht, um Unwesentliches hervorzuheben.
- Der Einsatz von Farben kostet Zeit, erfordert Kreativität, ist jedoch die Mühe wert.
- Ausgewogenheit, Harmonie, Kontrast und Einfachheit sind Prämissen.

Zusammengefasst: Farben wirken nicht nur optisch, sondern vor allem psychologisch. Setzen Sie Farben daher bewusst und, auf die beabsichtigte Aussage hin, zielorientiert ein!

Unabhängig vom Medium, der Farbeinsatz muss bewusst gewählt werden!

Für diejenigen, die im Umgang mit Farben unsicher sind oder einfach mehr darüber wissen wollen, habe ich hier eine kurze Übersicht der wichtigsten Farbtöne und deren psychologischer Wirkung zusammengestellt.

Rot ist die wärmste Farbe, die wir kennen, aber auch die dynamischste und aggressivste. Rot bedeutet für uns Leben. Wir verbinden es mit Liebe und mit der Flüssigkeit des Lebens, dem Blut. Rot regt psychisch und physisch an, fördert körperliche Arbeit und Bewegung. Rot ist Energie pur.

- Positive Assoziationen mit der Farbe Rot sind Glück, Liebe, Lebensfreude, Erotik, Energie, Aktivität, Dynamik, Wärme und Feuer.
- Negative Assoziationen sind Emotionen wie beispielsweise Hass, Wut, Zorn und Aggressivität. Ebenso wie das Laute, die Unmoral, die Gefahr bis hin zum Verbotenen.

Rosa ist die Farbe der Herzensliebe. Sie verbindet die Reinheit von Weiß mit der Kraft von Rot. Rosa besänftigt, macht empfänglich für die Stimmungen anderer Menschen und baut Aggressionen ab.

- Positive Assoziationen sind Zärtlichkeit, Romantik, Gesundheit, Freude, Liebe, Unschuld, Zuneigung, Sanftheit, Harmonie, Charme und Höflichkeit. Diese Farbe ist buchstäblich süß.
- Negative Assoziationen sind Kitsch, das Mitleiderregende und Übervorsichtige.

Weiß verbinden wir mit purer Reinheit, Licht und strahlendem Schnee. Weiß stellt die Ausgewogenheit aller Farben dar und wirkt aufmunternd und gleichzeitig friedlich.

Positive Assoziationen sind Unschuld, Sauberkeit, Weisheit, Leere und das Heilige.
Negative Assoziationen gibt es in unserem Kulturkreis nicht.

Orange fördert die Tatkraft und erzeugt eine heitere, gelöste Atmosphäre, wirkt stimulierend und strahlt Wärme und Gemütlichkeit aus. Es symbolisiert Optimismus und Lebensfreude, wirkt aufbauend, kräftigend und positiv.

- Positive Assoziationen zu Orange sind Vergnügen, Geselligkeit, Team, Stimulation, Mitgefühl, Genuss, Energie, Wandel, Aktivität, Wärme und die Fähigkeit, den Moment zu leben.
- Negative Assoziationen sind das Billige, die Aufdringlichkeit, die Angeberei, das Verspielte und das Laute.

Gelb bringt Sonne ins Gemüt und verscheucht trübe Stimmung. Die Farbe Gelb fördert die Konzentration, den Lerneifer und das Gespräch.

- Positive Assoziationen mit der Farbe Gelb sind Optimismus, Inspiration, Lebensfreude, Spaß, Heiterkeit, Empfindsamkeit, Erfrischung, Geld, Gold, Luxus und Reichtum.
- Negative Assoziationen mit Gelb sind Naivität, Neid, Eifersucht, Geiz, Egoismus, Gefühllosigkeit, Untreue, das Bittere, das Giftige, Unsicherheit und Warnung.

Braun sorgt in der Innenraumgestaltung für Gemütlichkeit. Je höher der Gelbanteil in der Farbe ist, desto beruhigender und ausgleichender ist die Wirkung.

- Positive Assoziationen zu Braun sind das Ursprüngliche, Unverfälschte, Erdige von rustikalen Materialien wie Holz, Leder oder ungebleichter Wolle.
- Negative Assoziationen betreffen Schuldhaftes, Schlechtes, Faulheit und Verfaultes.

Grün versetzt die Seele in positive Schwingungen, weckt Lust auf Neues, auf Entdeckungen und gilt als Quell der Kreativität. Sie ist die Farbe des Lebens, der Pflanzen und des

Neubeginns. Als Farbe der jährlichen Erneuerung und des Triumphs des Frühlings über den Winter symbolisiert sie die Hoffnung und die Unsterblichkeit.

- Positive Assoziationen mit der Farbe Grün sind Ausgeglichenheit, Natur, Leben, Jugend, Lebendigkeit, Natürlichkeit, Frühling, Weiterentwicklung, Innovation, Wachstum, Hoffnung und Zuversicht.
- Negative Assoziationen betreffen die Unreife, das Giftige, teilweise auch das Dämonische.

Blau symbolisiert die Weite des strahlenden Sommerhimmels. Es lässt auch an die unergründbaren Tiefen des Meeres, der Seen, Flüsse und Bäche und an Wahrheit und Klarheit denken. Blau wirkt still und entspannend.

- Positive Assoziationen sind Ruhe, Sympathie, Harmonie, Freundlichkeit, Freundschaft und Treue. Weitere gedankliche Verbindungen sind Entspannung, Stille, Klugheit, Sicherheit, Professionalität, Konzentration und Wahrheit.
- Negative Assoziationen sind Autorität, Kälte, Melancholie, Lüge sowie Trunkenheit.

Violett wirkt feierlich, macht passiv und wirkt beruhigend. Daher ist sie eine künstlerische und metaphysische Farbe. Sie ist die Farbe der Magie, kosmischen Energie, Inspiration und spirituellen Erfahrung.

- Positive Assoziationen sind Kraft, Erfolg, Idealismus, die Außergewöhnlichkeit, die Originalität, das Modische, Magie sowie Phantasie.
- Negative Assoziationen sind Eitelkeit, Unnatürlichkeit, Unsicherheit, Untreue, Unsachlichkeit und Zweideutigkeit.

Schwarz ist die dunkelste aller Farben. Eine schwarze Fläche wirkt kleiner als eine weiße Fläche gleicher Größe. Gleichzeitig wirken schwarze Objekte schwerer. Durch den starken Kontrast zur Umgebung wirkt schwarz eckig und hart. Die Eigenarten der Farbe übertragen sich auf mutmaßliche Qualitäten des Objektes. Schwarze Gegenstände oder Flächen wirken deshalb beherrschend und im besten Fall elegant. Schwarze Kleidung wirkt abgrenzend und verleiht Würde.

- Positive Assoziationen sind Eleganz, Eros sowie Gewinn (schwarze Zahlen).
- Negative Assoziationen findet man in der Verbindung mit Begriffen wie Unglück, Schmutz, Asche, Tod, Trauer, Nacht, Abgrund, Tiefe, Leere, Bosheit und Macht.

SYMBOLE

Geometrische Formen spielen bei der Darstellung von Symbolen, Strukturen und Systemen eine wichtige Rolle. Es gibt lediglich sieben verschiedene Grundformen. Denn jedes Symbol bzw. jeder Begriff entspringt einer der geometrischen Formen

- Spirale,
- Kreis,
- Viereck,
- Dreieck,
- Pfeil,
- Linie,
- und Punkt.

Geometrische Formen gehören zu den wichtigsten grafischen Elementen, um Inhalte punktgenau visualisieren zu können. Durch eine zielorientierte Verwendung dieser geometrischen Formen werden

- wichtige Informationen hervorgehoben,
- Zusammenhänge verdeutlicht,
- Querverweise zwischen mehreren Darstellungen hergestellt
- und aufeinanderfolgende Darstellungen miteinander verbunden.

Symbole eignen sich hervorragend, um Informationen im Gehirn zu verankern. Damit meine ich vor allem die selbst gezeichneten Symbole und nicht jene, die in unzähligen Clipartvorlagen zu finden sind. Ich zeige Ihnen nun eine Auswahl von einfachen Visualisierungsideen, die Sie bei Ihren Präsentationen gewinnbringend verwenden können.

ÜBERSCHRIFTEN PLAKATIV GESTALTEN

Am besten, wir beginnen beim Zeichnen mit unterschiedlichen Bannerformen für Überschriften, die angepasst an Inhalt und Zielgruppe zu verwenden sind.

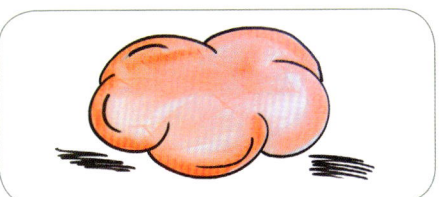
Die klassische Überschriftenwolke lässt sich mit einer themenspezifischen Farbwahl (z. B. Orange für das Soziale) und ein paar dynamischen Strichen aufpeppen.

Die Grundform eines Spinnennetzes, kombiniert mit Text oder Bild, wirkt im Vergleich zur Wolke dynamischer und durchschlagender.

Ein schnell zu zeichnendes Schattenpaket hebt Texte vom Boden ab und verleiht ihnen mehr Gewicht.

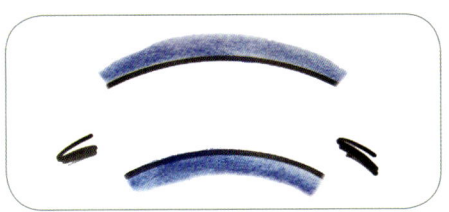
Wie ein doppelter Horizont gezeichnet wirkt dieser Banner schwungvoll und begrenzt auf einfache Weise die Überschrift.

Der Weg zum Ziel kann durch die Kombination von Symbolen dargestellt werden. Ob Zielscheibe, Zielfahne oder eine Aura, alle diese Formen assoziieren Zielstrebigkeit.

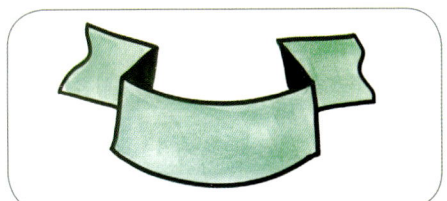
Eine weitere Facette des oben gezeichneten Horizonte-Banners sind schwungvolle Fahnenbilder.

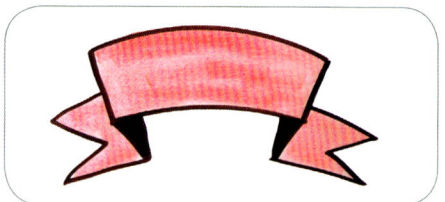

Wie hier dargestellt sind Form- und Farbwahl geeignet für Pro – Contra, Go – No Go und andere gegenteilige Argumentationsreihen.

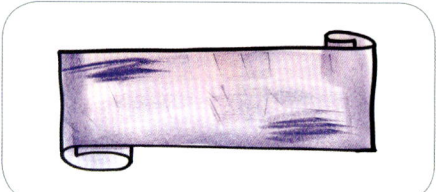

Schriftbänder sind plakative Begrenzungen und heben die Überschrift gegenüber dem Inhaltsteil klar hervor.

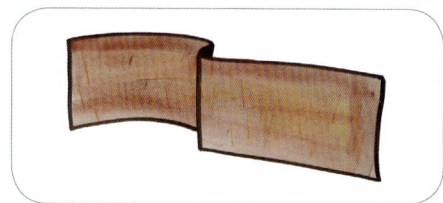

Was schwungvoll gezeichnet wird, wirkt weniger statisch und verleiht den Textstellen mehr Dynamik.

Eine ansprechende Headline versetzt Ihr Publikum von Beginn an in Begeisterung. Da Menschen grundsätzlich neugierig sind, lässt sich damit die Aufmerksamkeit steuern und positiv beeinflussen.

Zeichnen ist Sprache für die Augen.

FIGUREN ZEICHNEN

Eine besondere Herausforderung besteht für viele darin, Figuren zu zeichnen. Vor allem bei der Verwendung von iPad und PowerPoint lassen sich damit aber sekundenschnell menschliche Argumente und weiche Faktoren zu bestehenden Grafiken hinzufügen.

punkt.genau präsentieren

Anstatt sich mit den üblichen Strichmännchen zu blamieren, kann man es sich etwas leichter machen. Hier eine einfache Möglichkeit, den Begriff Gruppe darzustellen.

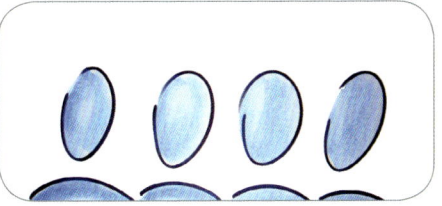

Merke: Die geometrische Grundform ist beim Begriff Gruppe das Rechteck, die richtige Farbe Blau.

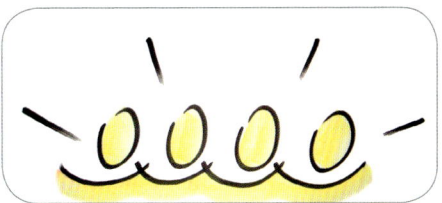

Soll eine erfolgreiche Gruppe visualisiert werden, ist die passende Farbe Gelb. Eine Aura und statt der hängenden Schulterkontur ein „Hands Up" steigern den positiven Ausdruck.

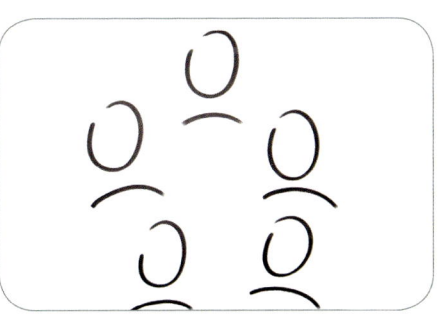

Bei einem Team wird der stärkere Zusammenhalt gegenüber einer Gruppe durch die geometrische Form Kreis dargestellt. Daher sind die Teammitglieder auch kreisförmig anzuordnen.

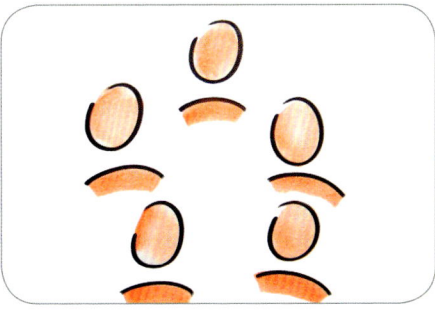

Dem Team wird die Farbe Orange zugeordnet. Aber es sind auch andere Farbtöne möglich. Damit lassen sich unterschiedliche Teams erzeugen. So steht ein rotes Team für Aktivität, ein grünes Team für Kreativität oder ein rosa Team für eine gleichgeschlechtliche Runde.

Unterschiedliche Farben und Formen lassen sich auf einfache Weise mit dieser Zeichentechnik kombinieren und sekundenschnell in sprechende Bilder verwandeln.

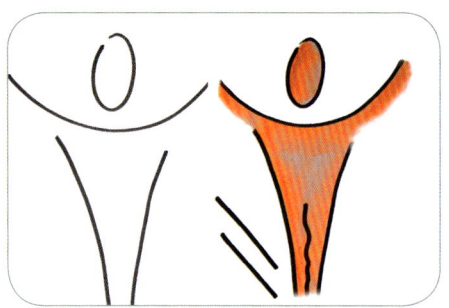

Drei Striche und eine Ellipse – wieder ist eine neue Figur entstanden. Zusätzliche Schattenelemente können beliebig gestaltet werden.

Durch die Kombination mehrerer Symbole lässt sich die gesamte Ablaufstruktur einer Präsentation visuell darstellen.

Einzelne Abschnitte und Etappenziele auf dem Weg zum Ziel können textlich hinzugefügt werden.

punkt.genau präsentieren

Wenige Striche – viel Ausdruck,
das ist das Visualisierungsziel
bei punkt.genau!

Reduzieren statt konstruieren

SYMBOLE SEKUNDENSCHNELL

UND PUNKT.GENAU VISUALISIEREN

Geometrische Grundformen von ihrer Bedeutung und Wirkung her in einen richtigen Bezug zu den jeweiligen Begriffen zu bringen, ist wichtig. Der Begriff Hierachie wird beispielsweise mittels Dreieck und nicht etwa durch einen Kreis dargestellt. Oder ein Handlungsfeld durch ein Rechteck und nicht etwa durch einen Pfeil. Mit der korrekten Zuordnung von Begriff und Symbol erhöhen Sie bei Ihrem Publikum das schnelle Verstehen von Informationen.

PUNKT

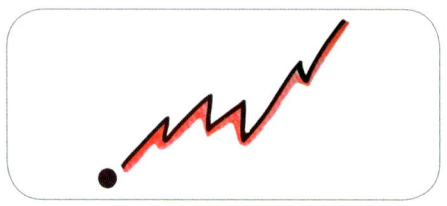

Einen Punkt als geometrische Form zu bezeichnen, stößt möglicherweise auf Widerstand. Aber in unserem thematischen Kontext kommt dem Punkt eine spezielle Bedeutung zu.

Auf einen gezeichneten Punkt hinzuweisen, verknüpft mit dem sprachlichen Ersuchen, endlich auf den Punkt zu kommen, ist eine unmissverständliche Art der visuellen Kommunikation.

Der Startpunkt, Ausgangspunkt, Treffpunkt oder Zeitpunkt sind punkt.genaue Assoziationen.

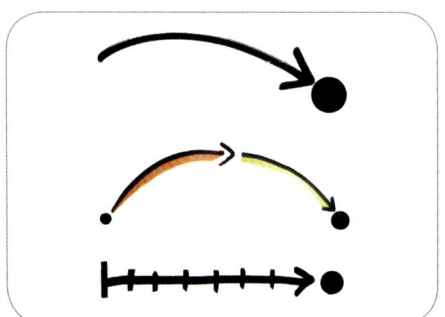

In Kombination mit Pfeilformen wird der Punkt zu einem zielorientierten Darstellungselement.

Das Ergebnis, eine Entscheidung, eine tragfähige Lösung, auf den Punkt kommen oder auf den Punkt gebracht. – all diese Begriffe lassen sich punkt.genau visualisieren.

Auch kritische und wichtige Punkte sowie Aufzählungspunkte sind mit der geometrischen Grundform Punkt einfach darzustellen.

KREIS UND ELLIPSE

Kreise und Ellipsen stellen durch ihre Erscheinungsform im besten Sinn des Wortes eine runde Sache dar. Das wesentliche Unterscheidungsmerkmal von Kreis und Ellipse ist die räumliche Wirkungsweise. Eine Ellipse stellt immer etwas Räumliches dar, ein Kreis hingegen nicht! Eine Insel, ein auf dem Tisch liegendes Geldstück, ein Teller, alle diese Symbole werden mittels Ellipse dargestellt. Die Sonne, das Team oder ein Ball hingegen werden kreisrund gezeichnet.

Symbole und Assoziationen mit Kreis und Ellipse sind unter anderem Geldmünze, Geldsack, Familie, Harmonie, Verbundenheit und Gemeinsamkeit.

Weitere Assoziationen sind die runde Sache, der runde Tisch, der Kreislauf, ohne Anfang und Ende, oder sich im Kreis drehen. Auch in Bezug auf Ziele und Zielorientierung lässt sich die Kreisform perfekt einsetzen.

Der Geldfluss als wirtschaftliche Orientierung ist ein Beispiel für so manches Wortspiel, das sich in (an)sprechende Bilder übersetzen lässt.

Der Konflikt oder die Idee – diese Begriffe sind kreisrund.

Begriffe schneller zu zeichnen als zu schreiben können auch Sie lernen. Ein Versprechen, das ich unter staunenden Augen der Teilnehmer in meinen Seminaren immer wieder einlöse.

Auch eine CD können Sie schneller zeichnen als schreiben. Selbstverständlich kann durch Farbeneinsatz die Visualisierung perfektioniert werden, allerdings auf Kosten der Zeit.

Ob Systeme, Netzwerke, globale Zusammenhänge oder Regelwerke: Kreis und Ellipse helfen dabei, dass Ihre Präsentation eine runde Sache wird.

SPIRALE

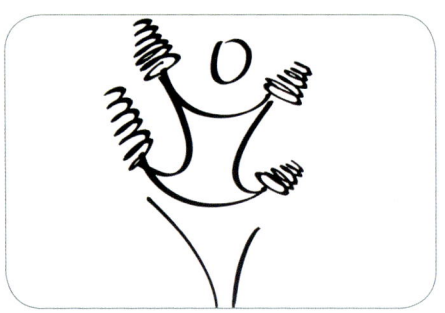

Eine Spiralform kann nie etwas Statisches darstellen. Trotzdem uns die Spiralform gedanklich gerne in ein Schneckenhaus führt, sind die gängigsten Assoziationen mit der geometrischen Grundform Spirale Dynamik, Entwicklung und Veränderung. Viele Unternehmen verwenden ein Logo mit Spiralform als Ausdruck der Expandiertheit oder Zentrierung.

punkt.genau präsentieren

Weitere Assoziationen zum Symbol der Spirale sind u. a.:

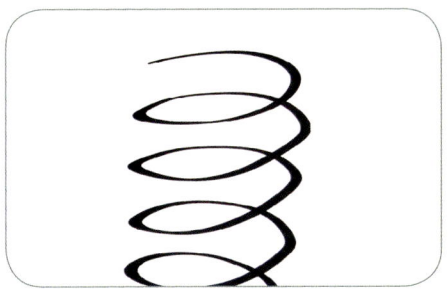

- Wachstum
- Innovation
- Dynamik
- Veränderung
- Bewegung
- Unruhe
- Verwirrung
- Strudel
- Taifun
- Sog
- Wirbelsturm
- Wasser
- Entwicklung
- Tiefe
- Höhe
- Aufwärtsspirale
- Abwärtsspirale
- Leben
- Rolle
- Kraft
- Feder
- Geschwindigkeit
- Labyrinth
- Hypnose
- Reinigung
- Energie
- Zentrierung

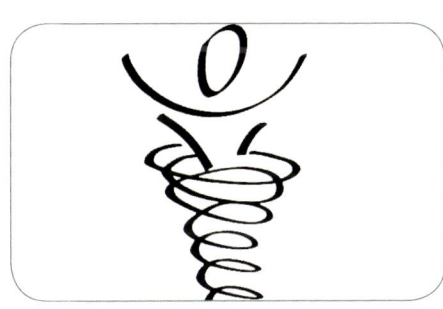

VIERECK

Ob als Rechteck, Quadrat, Parallelogramm, Trapez oder Raute, dieser Grundform begegnen wir in der von Menschen geformten Welt häufig. In der Natur hingegen findet man diese Grundform äußerst selten.

Versuchen Sie es und zeichnen Sie folgende Abbildungen nach. Wiederholen Sie diese einfachen Formen und steigern Sie

von Mal zu Mal Ihre Zeichengeschwindigkeit. Dynamisches Zeichnen bringt auch Ihre Gedanken in Schwung!

Gerade in der Präsentationstechnik, wo alle visuellen Hilfsmittel Rechteckform haben, ist das Viereck gerne gesehen. Einen Rahmen bilden, Informationen begrenzen, die Bühne, der Handlungs- oder Entscheidungsspielraum, viele gedankliche Brücken lassen sich damit bauen.

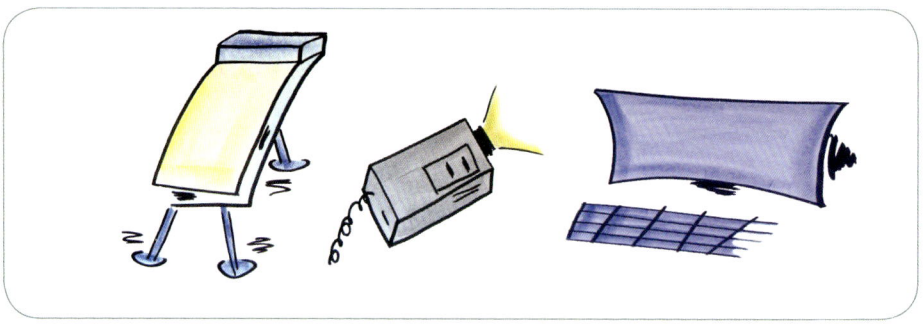

Für Begriffe wie das Auftragsbuch, der Vertrag, das Dokument oder die Dokumentation wird es häufig verwendet.

Plakativ wirken neben den Geldmünzen auch Geldscheine. Abhängig von der verwendeten Farbe kann die Höhe des Betrags einfach dargestellt werden. Nur bei der Geldfarbe Rot sollte man vorsichtig sein, denn Rot ist auch die Farbe der Schulden (rote Zahlen).

Unternehmen oder ganz allgemein Gebäudeformen wirken mit schwungvollen Strichen viel dynamischer. Hier gezeichnet der Begriff Unternehmenswachstum.

Das Unternehmenswachstum oder, wie hier dargestellt, die Unternehmensbindung entstehen durch wenige zeichnerische Zusätze.

Produkt, Markt, Ressource, Stabilität, Barriere, Ausgrenzung, Themenorientierung, Organisation, Besprechung, Konferenz, Fläche, ..., das sind nur einige Beispiele, die sich mit der Grundform Viereck rasch darstellen lassen.

DREIECK

Ein Dreieck vereint, wie keine andere geometrische Form, vollkommene Gegensätze in sich.

Das Dreieck als Symbol von Schutz (Dach) und Gefahr (spitzer Zahn), von Männlichkeit und Weiblichkeit, von Stabilität und Instabilität.

Je nachdem, ob ein Dreieck auf einer seiner Seiten stabil steht oder auf einer seiner Spitzen stehend umzufallen droht, die Wirkung ist sehr unterschiedlich.

Stabil oder instabil, mit einem Dreieck kann beides dargestellt werden.

Bei der Darstellung einer Pyramide findet die Dreiecksform ihre wohl bekannteste Verwendung und drückt hier Stabilität und Tradition aus. Die Pyramide wird auch gerne zur Darstellung einer Präsentationsstruktur oder zur Visualisierung von Klassifikationen verwendet.

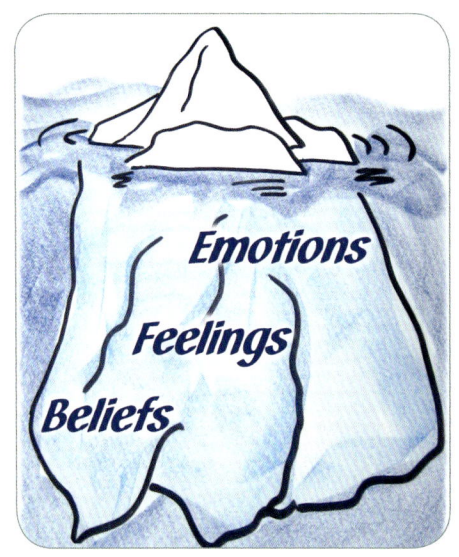

Verdeckte Argumente, unsichtbare Einstellungen und verborgene Tatsachen lassen sich mit den unzähligen Eisberg-Theorien verständlich und anschaulich vermitteln.

Ein dreieckiger Berg als Symbol von Trennung, Barriere oder Herausforderung hat einen gewichtigen Ausdruck. Je spitzer und höher er gezeichnet wird, desto herausfordernder ist seine Wirkung.

Ist der Aufstieg zum Gipfel des Präsentationserfolges geschafft, genießen Sie Ihn. Wie heißt es so schön: „Erfolge müssen gefeiert werden!"

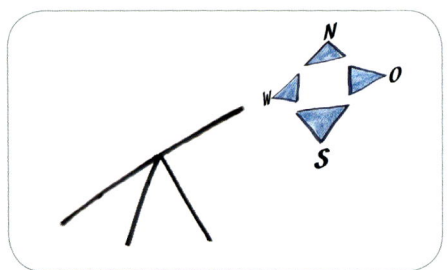

Weitere Assoziationen zu Dreieck sind Begriffe wie Gefahr, Stachel, Warnung (Warndreieck), Dreiecksbeziehung, Schutz, Zelt, Richtung, Mystik, Magie, Dreifaltigkeit, Mathematik, Geometrie, Zirkel, Balance und Ungleichgewicht.

PFEIL

Pfeile sind Abwandlungen der geometrischen Grundform Dreieck und zeigen Hinweise, Richtungen und Entwicklungen an. Bereits vor Tausenden Jahren waren Pfeile nicht nur Waffen, sondern dienten vorwiegend der Orientierung. Pfeile zu zeichnen ist keine besondere Herausforderung. Wirkungsvolle und aussagekräftige Pfeile sieht man nicht häufig, sie sind aber besonders gut geeignet, bei Präsentationen Bewegung ins Bild zu bringen.

Pfeile schaffen Beziehungen, setzen Reaktionen, zeigen Anstieg und Abfall, verbinden und trennen Argumente.

Gemeinsames, Geschwindigkeit und Veränderung sind weitere Assoziationen.

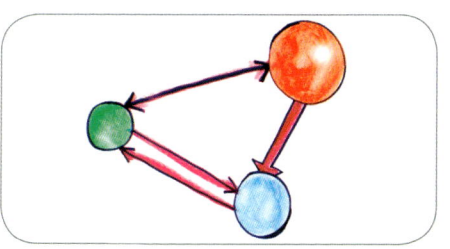

Meine besondere Empfehlung: Kombinieren Sie Pfeile mit Symbolen oder Figuren. Dadurch erhalten Sie unterschiedliche und aussagekräftige Visualisierungen.

Der Prozess und die Strategie besitzen als gestalterische Basis ebenfalls die Grundform Pfeil. So können Sie beispielsweise auf einfache Art einen Kreativitätsprozess zeichnen.

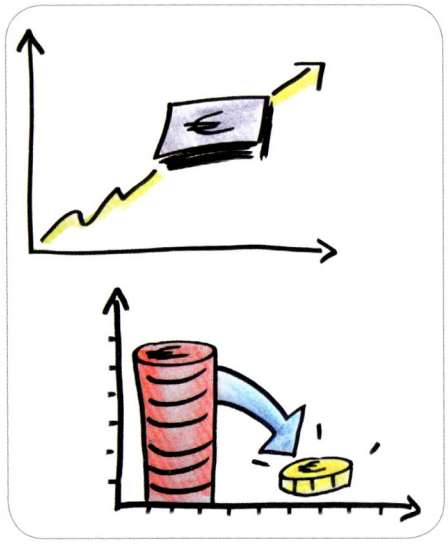

Schuldenreduktion oder Umsatzsteigerung – mit Pfeil-Symbol-Kombinationen lassen sich Abfall und Anstieg unmittelbar mit dem Präsentationsinhalt verbinden.

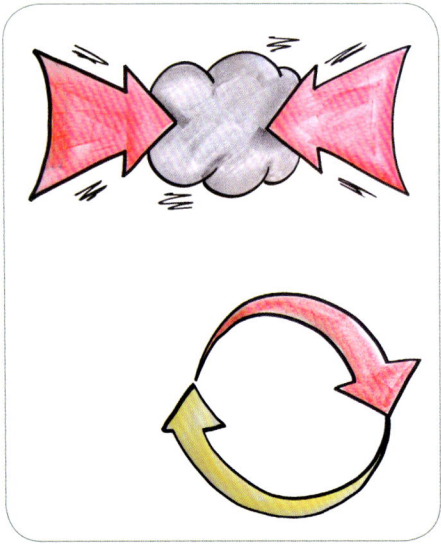

Interaktion und unterschiedliche Arten von Beziehungen – mit Pfeilen werden auch emotionale Themen sichtbar.

LINIE

Abhängig davon, ob eine Linie geschwungen, gekrümmt oder gerade gezeichnet wird, ändert sich ihre Aussage. Sonnenstrahlen, die Aura oder der Lichtkegel eines Beamers verfehlen ihre Wirkung, wenn die einzelnen Linien nicht gerade gezeichnet werden. Wege, Bäche oder ein Horizont erfordern hingegen geschwungene Linien.

Ich persönlich bin Anhänger dynamisch gezeichneter Linienformen, die Visualisierungen Lebendigkeit verleihen. Daher vermeide ich tunlichst gerade Strichführungen.

Friedensreich Hundertwasser, einer der schillerndsten Künstler des vergangenen Jahrhunderts, dessen Werke unvergleichlichen Wiedererkennungswert haben, hat es im Rahmen seines Verschimmelungsmanifests von 1958 sinngemäß so formuliert:

„Ein gerader Strich ist eine gottlose Form"

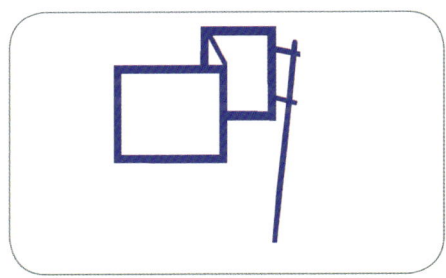

Gerade Striche – im Extremfall mit Lineal gezeichnet – stellen immer einen Perfektionsstandard dar und lassen Freihandzeichnungen unprofessionell erscheinen. Aber erinnern Sie sich an die im Kapitel Visualisieren getroffene Aussage, dass mit dem Qualitätsstandard des Mediums der Perfektionsanspruch steigt.

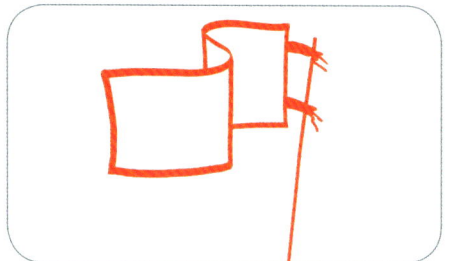

Daher ist zu unterscheiden, welches Medium zur Visualisierung verwendet wird und welcher Anspruch an die Perfektion daraus resultiert. Denn wo gerade Striche benötigt und erwartet werden, achte ich sehr wohl darauf, dass sie auch exakt gezeichnet werden.

Das Fundament,
die Basis,
Etappen,
Ebenen,
die Plattform,
das sind einige wichtige gedankliche Verbindungen zur Linie.

Es scheint mir wichtig, nochmals darauf hinzuweisen, dass Sie mit einer „Live"-Visualisierung bei ihrem Publikum das Verständnis für die gezeigten Inhalte steigern und gleichzeitig den Merkwert der Informationen wesentlich erhöhen. Außerdem vermitteln Sie neben Ihrer hohen Fachkompetenz bewundernswerte Methodenkompetenz.

punkt.genau präsentieren

BILDER

Der vierte und letzte Baustein visueller Kommunikation heißt Bild. Gemeint ist in der Regel die Zusammenfassung von Textbausteinen, gezieltem Farbeinsatz und Symbolen. Das Endprodukt Bild ergibt sich, wenn bereits visualisierte Einzelinformationen in einen logischen Zusammenhang gebracht werden. Dazu eignen sich besonders Pfeile, Landschaftsbilder (der Weg zum Ziel, eine Landkarte, Wegweiser, Brücken über Schluchten etc.) und erweiterte Grundformen wie beispielsweise die Pyramide als Form eines strukturierten Zusammenhanges.

Basierend auf den Grundsätzen visueller Kommunikation zeige ich Ihnen nun einfache Visualisierungsbeispiele, die sich rasch erlernen und erfolgbringend in Präsentationen einsetzen lassen. Vor der Erstellung von Visualisierungen sind folgende Überlegungen hilfreich:

- Welche Darstellungen erleichtern dem Publikum das Verständnis?
- Bringt der erhöhte Zeitaufwand einer farbigen Gestaltung den gewünschten Vorteil?
- Welche Symbole unterstützen meine Präsentation?
- Was ist ein nötiger Bestandteil, um einen gezeichneten Gegenstand oder Begriff zu erkennen?
- Was können Sie bereits ohne viel Mühe zeichnen?
- Wir nehmen uns eine Beschränkung auf wenige Linien vor!

PLAKATIV AM FLIPCHART VISUALISIEREN

Obwohl die folgenden Informationen bereits in meinen bisherigen Publikationen dargestellt sind, halte ich es trotzdem für wichtig, hier die wesentlichsten Grundlagen in der Gestaltung von Flipcharts zu beschreiben.

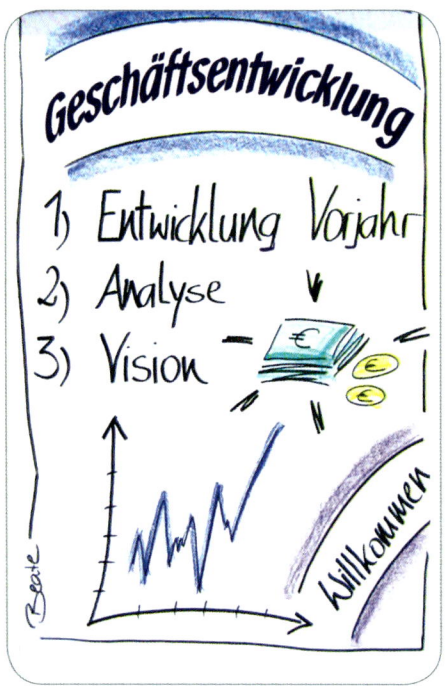

- Raumaufteilung
  Es empfiehlt sich, die Raumaufteilung gedanklich zu planen, bevor man zu visualisieren beginnt. Damit wird der zur Verfügung stehende Platz genützt und die Übersicht gewahrt.

- Überschrift nicht vergessen!
  Die Antwort auf die Frage „Worum geht es jetzt?" steht im Normalfall immer oben, wenn möglich linksbündig. Unterstreichen, Umrandung und eine plakative Schrift bekräftigen sie. Es ist wichtig, dass jedes Chart seine Überschrift erhält.

- Lesegewohnheiten versus Hoffnungswinkel
  Entsprechend der Lesegewohnheiten schreibt man von links oben nach rechts unten. Werden hingegen positive Entwicklungen wie bei Umsatzsteigerungen oder Einflussfaktoren dargestellt, die eine positive Entwicklung signalisieren, empfiehlt sich eine Darstellung von links unten und diagonal über das Chart nach rechts oben.

punkt.genau präsentieren

- Weniger ist mehr – kurze Sätze
  Beschränken Sie Ihre Aussagen auf das Wesentliche. Schlüsselwörter oder Schlüsselsätze reichen aus, um das Wichtigste festzuhalten – zuviel Text kann sich niemand merken.

- Gliederung
  Überschriften, Zwischenüberschriften und Gliederungen ermöglichen die Bildung von optischen Blöcken und fördern die Überschaubarkeit.

- Farbe ist Information
  Ein Farbenwechsel innerhalb des Textes, um möglicherweise Wichtiges hervorzuheben, verfehlt oft seine Wirkung, weil Information und Farbe nicht kongruent sind. Beachten Sie wiederum die psychologische Wirkung einer Farbe. Ein Farbenwechsel empfiehlt sich bei Gliederungen oder Zwischenüberschriften. Grundsätzlich sollte man bei Textcharts aber nicht mehr als vier Farben verwenden.

- Ein Rahmen schließt die Information ab
  Der Rahmen schließt eine Darstellung und sollte bei jedem erstellten Flipchart ein unbedingtes Muss sein. Er wird immer dick und kräftig gezeichnet.

- Zusätzliche Gestaltungselemente verwenden
  Freie Grafiken und Symbole ebenso wie Pfeile und Linien bereichern ein Textchart zusätzlich. Wenn Sie Lust darauf bekommen haben, empfehle ich Ihnen gerne meine Bücher „Kreative Flipchartgestaltung" und „Flipcharts for Business".

STIFT UND STIFTHALTUNG

Grundlegend ist zunächst das richtige Schreibwerkzeug zu verwenden. Je dicker der verwendete Stift, desto kraftvoller wirkt Ihr Schriftbild und umso mehr Sicherheit in der Aussagekraft vermitteln Sie. Achten Sie daher auf die Art des verwendeten Stiftes.

Dünne Stifte ergeben schwache Konturen und darunter leidet die Aussagekraft eines Schriftbildes. In vielen Tagungs-, Besprechungs- und Präsentationsräumen ist man sich dieser Tatsache leider nicht bewusst. Verzichten Sie daher bei der Flipchartgestaltung gänzlich auf Stifte mit Rundspitze.

Dicke Striche assoziieren Sicherheit, dünne Striche hingegen immer Unsicherheit!

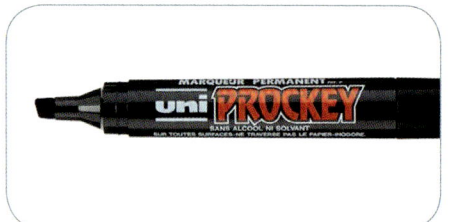

Ich empfehle Ihnen Stifte mit Keilspitze. Die breiteste Seite sollte 6 Millimeter betragen – sozusagen als Mindeststandard. Sie erreichen damit eine professionell wirkende Strichführung bei Bild und Text. Mein persönlicher Favorit ist der Flipchartstift von Prockey.

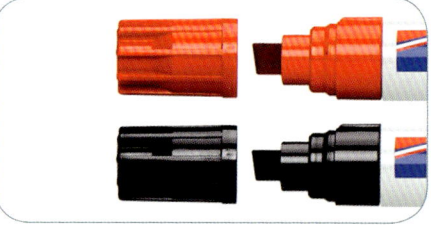

Speziell für Überschriften oder wichtige Textpassagen eignen sich dicke Flipchartstifte wie der Edding 800, ein handelsübliches Produkt mit einer Strichbreite von bis zu 12 Millimetern. Hier ist die Haltung des Stiftes beim Schreiben oder Zeichnen besonders wichtig.

punkt.genau präsentieren

DIE EMPFOHLENE STIFTHALTUNG

Eine korrekte Stifthaltung ist Grundlage jeder plakativen Schrift, Basis für wirkungsvolle Symbole und Bilder und Voraussetzung dafür, dass Sie schneller zeichnen als schreiben können. Es gibt zwei wesentliche Merkmale, die Sie bei der Stifthaltung beachten sollten:

- Der Zeigefinger übt Druck auf die Stiftkante aus. Er muss daher in der Mitte des Stiftes nahe der Spitze angelegt sein. Tipp: Können Sie den Fingernagel Ihres Zeigefingers nicht sehen, haben Sie den Stift falsch in der Hand.

- Der Winkel des Stiftes zum Papier sollte so spitz wie möglich sein (kleiner als 35 Grad). Ein rechter Winkel hat großen Blattwiderstand zur Folge, und somit reduzieren Sie Ihre Schreibgeschwindigkeit erheblich. Tipp: Der Winkel ist dann richtig, wenn Sie am Flipchart einen Strich sekundenschnell von unten nach oben zeichnen können, ohne dass sich das Papier wellt und der Stift quietschende Geräusche macht. Somit können Sie schnell und vor allem kraftsparend visualisieren.

Falsch:

Die hier abgebildete Stifthaltung ist falsch,
- weil der Zeigefinger Druck seitwärts auf die Stiftspitze ausübt. Dadurch wird es schwierig, eine gleichmäßige Strichbreite zu erhalten. Außerdem benötigen Sie viel Muskelkraft in Ihren Fingern.
- weil der Winkel zwischen Stift und Papier zu steil ist. Ursache: Der Handballen wird von der Zeichenfläche seitlich weggedreht.

Falsch:

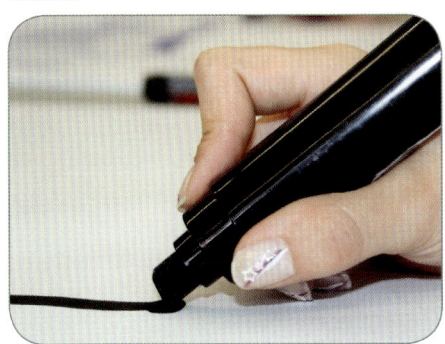

Hier übt der Zeigefinger zwar Druck in die Mitte des Stiftes aus, aber
- er ist zu weit vorne an der Spitze positioniert. Das Resultat: Wiederum ein steiler Winkel Stift – Papier.

Richtig:

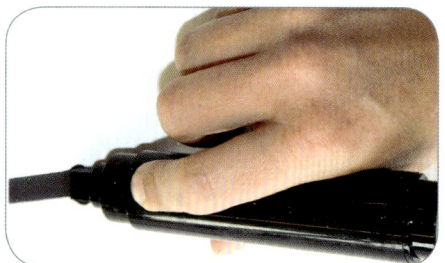

Hier übt der Zeigefinger Druck in der Stiftmitte und am vorderen Stiftende aus.

Richtig:

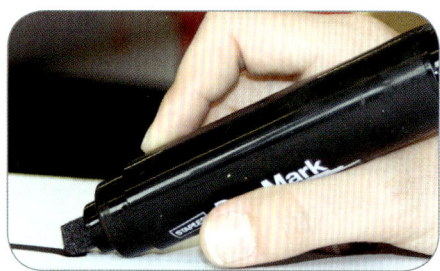

Der Winkel des Stiftes zur Zeichenfläche beträgt nur mehr 30 Grad. Dadurch ist der Stift fast kraftlos zu führen. Optimal zum schnellen Schreiben und Zeichnen. Probieren Sie es aus!

Folgende Tipps erleichtern Ihnen den Umgang mit Stiften und bilden eine wichtige Vorstufe zum professionellen Zeichnen auf Flipcharts und anderen Medien. Verzichten Sie allerdings bei Einhaltung der folgenden Hinweise nicht auf Ihre Kreativität und die Besonderheiten Ihrer persönlichen Handschrift. So können Sie Ihrem Schriftbild, unter Beibehaltung der persönlichen Note, ein plakativeres Erscheinungsbild geben.

TIPP 1: DRUCKSCHRIFT STATT BLOCKSCHRIFT

Diese erste Regel soll nicht bedeuten, dass Sie ausschließlich in Druckschrift schreiben müssen, ist aber ein wichtiger Hinweis darauf, dass Wörter in Druckschrift leichter lesbar sind. Wir Menschen lesen nicht Buchstabe für Buchstabe, sondern das Wort als Gesamtes. Somit wirkt ein in Druckschrift geschriebenes Wort als kompakte Einheit und erleichtert die Lesbarkeit. Wenn Flipcharts vorwiegend in Blockschrift beschrieben werden, strengt das den Leser stärker an. Speziell bei Abendveranstaltungen hat dies zur Folge, dass schon müde Zuhörer noch müder werden.

Sie können einen einfachen Test machen, um sich von der Richtigkeit dieser Aussage zu überzeugen: Schließen Sie bei der Durchführung folgender kurzen Leseübung zunächst Ihre Augen und öffnen Sie sie anschließend für wenige Sekundenbruchteile. Versuchen Sie, in

punkt.genau präsentieren

dieser sehr kurzen Zeit zunächst das unten stehende Wort Blockschrift und anschließend das Wort Druckschrift zu lesen. Sie werden merken, dass „Druckschrift" in diesem kurzen Augenblick schneller zu erfassen ist als BLOCKSCHRIFT.

BLOCKSCHRIFT

Druckschrift

Ein weiterer Vorteil der Druckschrift ist, dass man weniger Platz für geschriebene Informationen benötigt.

TIPP 2: KOMPAKT SCHREIBEN

Ein kompakt geschriebenes Wort erleichtert das Lesen und wirkt plakativer. Überzeugen Sie sich!

Kompaktheit hält Wörter zusammen.

F e h l e n d e   K o m p a k t h e i t   e r s c h w e r t   d a s   L e s e n .

Achten Sie auf die Kompaktheit der einzelnen Buchstaben innerhalb eines Wortes. Häufig werden bestimmte Buchstaben mit „Bäuchen" geschrieben, wie beispielsweise ein a, b, d, q oder p. Somit wirken einzelne Wörter unregelmäßig und nicht mehr kompakt.

TIPP 3: KLEINBUCHSTABEN GRÖSSER
ALS DIE HÄLFTE DER GROSSBUCHSTABEN

Ein wesentlicher Bestandteil einer plakativen Schreibweise ist die Buchstabenhöhe der verwendeten Kleinbuchstaben. Jedes Wort hat mehr vertikale als horizontale Anteile, daher muss mit breiten vertikalen Anteilen die Stärke des Schriftbildes erzeugt werden. Also sollten

Kleinbuchstaben auf keinen Fall kleiner als die Hälfte der Großbuchstaben sein. Es empfiehlt sich eine Höhe der Kleinbuchstaben von zwei Drittel der Großbuchstaben als Mindestmaß. Das verbleibende Drittel der Großbuchstaben gegenüber der Höhe der Kleinbuchstaben entspricht auch der empfohlenen Höhe von Unterlängen. Meist werden Unterlängen viel zu lang geschrieben, woraus sich ein größerer Zeilenabstand ergibt. Dies führt zu einem unregelmäßig erscheinenden Gesamtbild des geschriebenen Textes. Heutzutage werden Sie beobachten, dass Kleinbuchstaben mit bis zu 80 Prozent der Höhe von Großbuchstaben geschrieben werden.

Ober- und Unterlänge

Damit werden die vertikalen Anteile noch stärker hervorgehoben und das gesamte Schriftbild wirkt noch plakativer und kraftvoller.

TIPP 4: DIE RICHTIGE STIFTKANTE VERWENDEN

In Abhängigkeit davon, ob Sie dicke oder dünne Stifte verwenden, unterscheiden sich die jeweils richtig eingesetzten Stiftkanten.

Stiftart und Stiftkante	Information
	Verwenden Sie bei Stiften mit einer Strichbreite von 10 mm bis 12 mm immer die höchste Kante. Durch diesen richtigen Kanteneinsatz bekommt das Schriftbild einen starken Ausdruck, vermittelt Sicherheit in der Aussage des Geschriebenen und wirkt sehr plakativ.
	Ebenfalls plakatives und vor allem schnelles Schreiben und Zeichnen ermöglichen Moderationsstifte mit einer Keilspitze. Hier wird immer die breiteste Seite, also die Längskante des Stiftes eingesetzt, um ein möglichst kraftvolles Schriftbild zu erhalten.

Keine Angst vor breiten Strichen!

punkt.genau präsentieren

Häufige Fehler beim Schreiben mit Flipchartstiften

Fehlerart	Fehlerbeschreibung / Korrekturvorschläge
Mit der Stiftecke schreiben 	Der dicke Stift wird als dünner Stift verwendet. Oft geschieht dies aus Angst vor zu dicken Strichen. Mit dünnen Strichen assoziiert man jedoch eigene Unsicherheiten und darunter leidet die Glaubwürdigkeit der getroffenen (geschriebenen) Aussage. Mit dem Schreiben auf der Stiftecke wird der Stift auch schnell unbrauchbar.
Stiftkante wird weggedreht 	Ein häufiger Fehler ist, dass die Stiftkante während des Schreibens weggedreht wird. Das passiert oft im Unterbewusstsein, weil der Strich zu dick erscheint oder aufgrund fehlenden Drucks auf den Stift. Überprüfen Sie Ihre Stifthaltung (Zeigefinger in die Stiftmitte) und achten Sie auf einen flachen Winkel des Stifts zum Flipchart. So bekommen Sie ohne großen Kraftaufwand bestmöglichen Druck auf den Stift.
Benützung der Stiftfläche 	Bei Verwendung der gesamten Stiftfläche verliert Ihr Schriftbild die Abwechslung der Strichstärken. Außerdem verschlieren die Striche am Strichanfang und -ende. Benützen Sie daher nicht die gesamte Stiftfläche.

TIPP 5: DER STIFT DARF NICHT GEDREHT WERDEN

Fixieren Sie den Stift in Ihrer Hand und drehen Sie den Stift während des Schreibens nicht. Wenn der Stift während des Schreibens ein einziges Mal gedreht wird, ist das sichtbar. Ich stelle nun drei grundsätzliche Stifthaltungen vor, wobei man den Sinn dieser wichtigen Regel sofort erkennen kann.

Bewirkt:
Breite vertikale und schmale horizontale Striche.

Ergebnis:
Kräftiges Schriftbild mit plakativem Erscheinungsbild.

Bewirkt:
Gleiche Breite bei vertikalen und horizontalen Strichen.

Ergebnis:
Schriftgröße kann kleiner gewählt werden. Ermöglicht schnelles Schreiben und wirkt ebenfalls sehr plakativ. Diese Stifthaltung genießt hohe Beliebtheit.

Bewirkt:
Schmale vertikale und breite horizontale Striche.

Ergebnis:
Kraftloses Schriftbild – daher nicht empfehlenswert.

Probieren Sie die einzelnen Stifthaltungen aus und wählen Sie jene, wo das erzeugte Schriftbild Ihren Ansprüchen an ein plakatives Erscheinungsbild gerecht wird. Vermeiden Sie aber eine Stifthaltung von mehr als 45 Grad.

Fixieren Sie den Stift beim Schreiben!

punkt.genau präsentieren

TIPP 6: DIE HÖHE DER BUCHSTABEN HÄNGT VOM VERWENDETEN STIFT AB

Von der erzeugten Strichstärke ist auch die Höhe der einzelnen Buchstaben abhängig. Wichtig: Bei einer Strichbreite von beispielsweise 12 Millimetern beträgt die optimale Höhe von Großbuchstaben 120 Millimeter, also den Faktor 10. Verringern Sie die Strichbreite durch eine Drehung des Stiftes, so hat das Auswirkungen auf die Buchstabenhöhe. Denken Sie daran – es ist wichtig, Ihrer Schrift einen Körper zu geben, damit sie plakativ erscheint. Schreiben Sie mit einem breiten Stift zu groß, wirkt der Strich visuell viel dünner. Den gegenteiligen Effekt, ein zu kräftiges und daher schwer lesbares Schriftbild erhalten Sie, wenn Sie zu klein schreiben. Beachten Sie daher die Faustregel:

Höhe der Großbuchstaben = Strichbreite x 10

VISUALISIERUNGSBEISPIELE FÜR DAS FLIPCHART

Ein visualisierter Themeneinstieg am Beginn der Präsentation sorgt für eine positive Grundstimmung.

Verleihen Sie der Präsentationseröffnung Ausdruck, indem Sie durch Ihre Visualisierungen das Publikum beeindrucken.

Speziell bei Präsentationen, wo sich Zuhörer eine eher trockene Materie erwarten, können solche Flipcharts am Beginn wahre Wunder bewirken.

Vor allem vermitteln sie Wertschätzung – das Publikum wird es Ihnen danken.

Flipcharts bieten neben einer visualisierten Begrüßung weitere Möglichkeiten, einen Präsentationsbeginn ansprechend zu gestalten. Dazu gehören:

- Sie erreichen Aufmerksamkeit,
- geben Ausblick auf die Präsentationsziele,
- zeigen den Nutzen für die Zuhörer auf,
- geben den Präsentationsablauf bekannt,
- stellen wichtige inhaltliche Aspekte dar.

Dazu einige Visualisierungsbeispiele:

Wem ein „Willkommen" zu wenig ist, der sollte ein „Herzlich willkommen" verwenden. Unterstützen Sie mit unterschiedlichen Formen des Überschriftenbanners den ersten Eindruck Ihrer Präsentation. Zusätzliche themenspezifische Symbole ermöglichen einen direkten Übergang zum roten Faden.

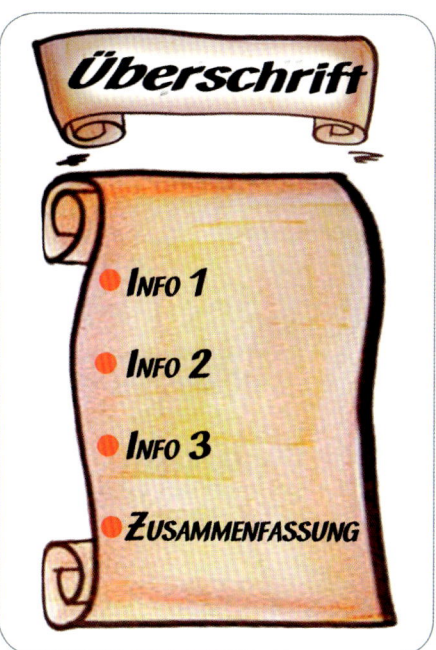

Als Ablaufplan einer Präsentation zum Zweck der Informationsweitergabe wird gerne die Schriftenrolle verwendet. Die dargestellte Agenda kann während der Präsentation immer wieder zur Strukturierung herangezogen werden.

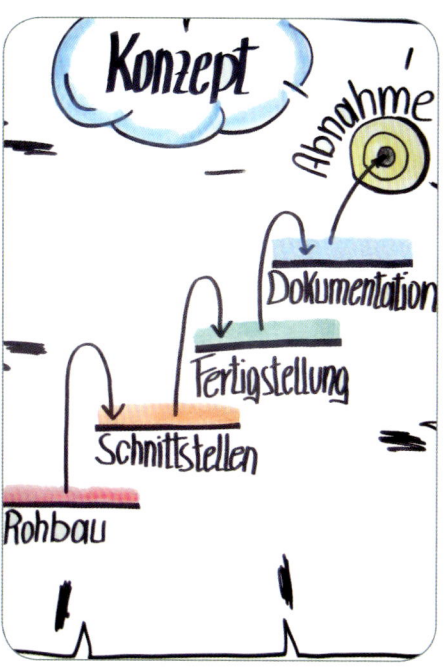

Hier eine Visualisierung, die dem Entscheidungsgremium erforderliche Durchführungsschritte zur erfolgreichen Abnahme eines Bauprojektes näherbringt. Mit dieser Darstellung ist gleichzeitig der Präsentationsablauf visualisiert.

Die Vorlage zu diesem Flipchart lieferte eine Studentin in einem meiner Präsentationsseminare. Es ist einfach gestaltet, mit Symbolen unterstützt, reduziert den Inhalt auf drei wesentliche Punkte, schafft Aufmerksamkeit und ist visuell ansprechend. Ich finde es einfach genial!

Diese Art der Darstellung gehört, so könnte man sagen, zu meinem Standardrepertoire. Sie ermöglicht, ein Unternehmen dynamisch darzustellen und in Verbindung zum Präsentationsthema zu bringen.

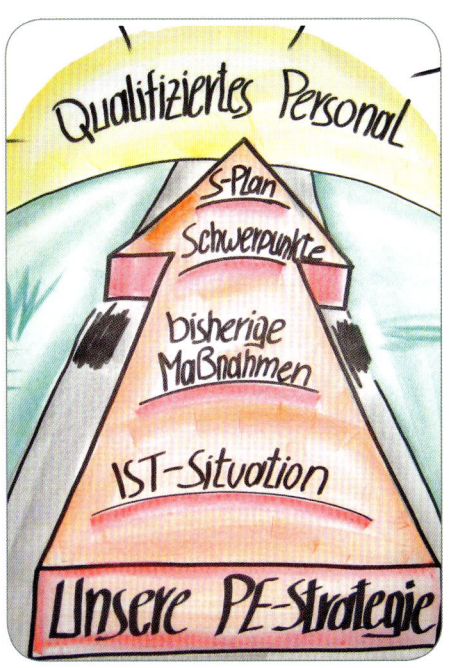

Wie Sie an den bisherigen Beispielen erkennen können, sind der Kreativität keine Grenzen gesetzt. Gerade diese Vielfalt an Darstellungsmöglichkeiten gibt uns die Chance, anders als alle anderen zu präsentieren. Glauben Sie mir, ich habe es vielfach ausprobiert und das Ergebnis spricht für sich.

Ihr Mut ist gefragt! Ich weiß, dass bei firmeninternen Präsentationen oft eingefahrene, zum Gähnen langweilige Präsentationsprozedere durch- und auszuhalten sind. Ich möchte Sie an dieser Stelle ermutigen, etwas Neues zu versuchen und alte Muster zu durchbrechen. Ich weiß, dass der Prophet im eigenen Land nicht viel zählt. Springen Sie trotzdem über Ihren Schatten – es ist einen Versuch wert!

Seien Sie selbst die Veränderung, die Sie sich wünschen.

VISUALISIERUNG MIT POWERPOINT

Der Durchschnitt ist so schlecht, dass man nicht herausragend sein muss, um sich abzuheben.

Mit diesem Zitat von Prof. Dr. Ramming leite ich dieses Kapitel ein, um wieder bewusst zu machen, dass falscher Medieneinsatz die Wirkung einer Präsentation ins Negative lenken kann. Headlines in Zeitschriften wie: „Macht PowerPoint blöd?" oder „Beamer ein, Hirn aus!" oder „Flipchart statt PC: Heynckes für FC Bayern billiger als Klinsi." machen auf den unsinnigen Einsatz von PowerPoint in der täglichen Praxis aufmerksam. „Zielgruppenorientiert" ist das Zauberwort für die Erfordernis und Legitimierung dieses Mediums. Wie man vielleicht merkt, bin ich kein großer Fans von PowerPoint. Aber ich begegne der Herausforderung durchwegs positiv, da der Einsatz dieses Präsentationsprogrammes situationsbedingt förderlich sein kann oder von der Auftraggeberseite gefordert wird. Dennoch – der Mix mit einzelnen Medien steht im Vordergrund! Er bringt willkommene Abwechslung in eine Präsentation und mehr Spannung für das Publikum.

punkt.genau präsentieren

Der Medienmix empfiehlt sich, wenn es darum geht, die Aufmerksamkeit des Publikums zu halten. Wenn wir nun schon beim Thema PowerPoint gelandet sind, ist festzuhalten, dass auch hier die Vereinfachung ein wichtiges Prinzipien für punkt.genaue Präsentationen ist. Ein einfaches aber ansprechendes Design, ein wirkungsvolles Bild, eine kurze, klare Aussage pro Folie und gezielte Fragestellungen während einer Präsentation reichen meist völlig aus.

DESIGN, WAS IST DAS?

Das Design, sprich die Formgebung, soll helfen, die Wirkung Ihrer Präsentationsinhalte zu verbessern. Design ist nicht Kunst, sondern soll im beruflichen Kontext helfen, das Publikum durch ansprechende Foliengestaltung zu bewegen.

Aber kommt es nicht auf den Inhalt einer Folie an? Vor allem bei Präsentationen haben emotionalen Aspekte der Gestaltung ebenso viel Gewicht wie die inhaltliche Aussage. Erinnern Sie sich an das Kapitel über die Farbenlehre? Dort wurde unter anderem die psychologische Wirkung von Farben erklärt. Beim Design spielen sie mit anderen Gestaltungsmitteln wie

Formen, Symbole, Texte und Bilder eine gewichtige Rolle. Das Zusammenspiel der einzelnen Komponenten bestimmt letztlich über die Gesamtheit der Wirkung.

Berühren Sie Ihr Publikum auf der emotionalen Ebene.

Menschen urteilen sofort darüber, ob etwas attraktiv, ansprechend, vertrauenswürdig, professionell oder aalglatt wirkt. Schöne Dinge fühlen sich gut an. Dadurch erreichen Sie positive Gefühle, aber umgekehrt ist es ebenso. Das passende Design zu finden, ist keine einfache Sache. Ich kenne viele Unternehmen, die sich ihren Folienmaster von Designern erstellen ließen. Meine Erfahrung daraus ist: Ansprechendes Design zu erstellen ist eine Seite, damit erfolgreich zu präsentieren eine andere. Toll, wenn es gelingt, beide Aspekte zu verschmelzen. Die Erfahrung zeigt, dass von Profis im Grafikstudio erstellte Vorlagen zwar für sich alleine (ohne Inhalt) ansprechend wirken, aber zur Präsentation von Inhalten nur beschränkt oder gar nicht geeignet sind, obwohl sie viel Geld gekostet haben. Hier einige Grundsatzüberlegungen, was bei einer Designfestlegung zu beachten ist.

- Einschränkungen und Begrenzungen ergeben einen wunderbaren Freiraum für kreative und raffinierte Foliengestaltung. Hat man hingegen völlige Gestaltungsfreiheit, ergibt sich die Frage nach Anfang und Ende.
- Der Köder muss dem Fisch schmecken. Versetzen Sie sich daher in die Lage Ihrer Zuhörer.
- Kommunikation statt Dekoration. Es geht darum, mit geringem Aufwand eine klare, verständliche Aussage zu treffen.
- Die Herausforderung liegt im Weglassen von Informationen.
- Vereinfachen Sie so weit wie möglich, aber nicht zu viel. Vermeiden Sie Unwesentliches und entscheiden Sie sich bewusst für das Notwendige.
- Lernen von anderen macht Sinn. Beobachten Sie gelegentlich die Präsentationen anderer Vortragender und erkennen Sie, was wirkt und was nicht wirkt.
- Nutzen Sie Leerräume für die Steigerung der Designästhetik und als Zeichen einer klaren Priorisierung.
- Lernen Sie alle Gestaltungsregeln und erkennen Sie, wann und warum Sie diese brechen sollten.

punkt.genau präsentieren

FOLIENDESIGN – WENIGER IST MEHR, NOCH WENIGER IST NOCH MEHR

Eine PowerPoint-Präsentation überzeugt durch spannende Inhalte und ein gutes Foliendesign. Eine Präsentation wirkt durch ein ansprechendes, die gesamte Präsentation konsequentes Design professionell und interessant. Wilde Farbkombinationen, fliegende Buchstaben und winkende Cliparts lenken Ihr Publikum lediglich vom Inhalt ab. Bei schlichtem Design kann es sich auf das Wesentliche, nämlich Ihren Präsentationsinhalt, konzentrieren. Idealerweise haben Sie in PowerPoint statt der Standardvorlagen ihre eigenen Designvorlagen angelegt und nutzen sie bei jeder neuen Präsentation. Auf die Frage: „Welche Elemente soll ein Foliendesign beinhalten?" kommt vielerorts Folgendes als Antwort:

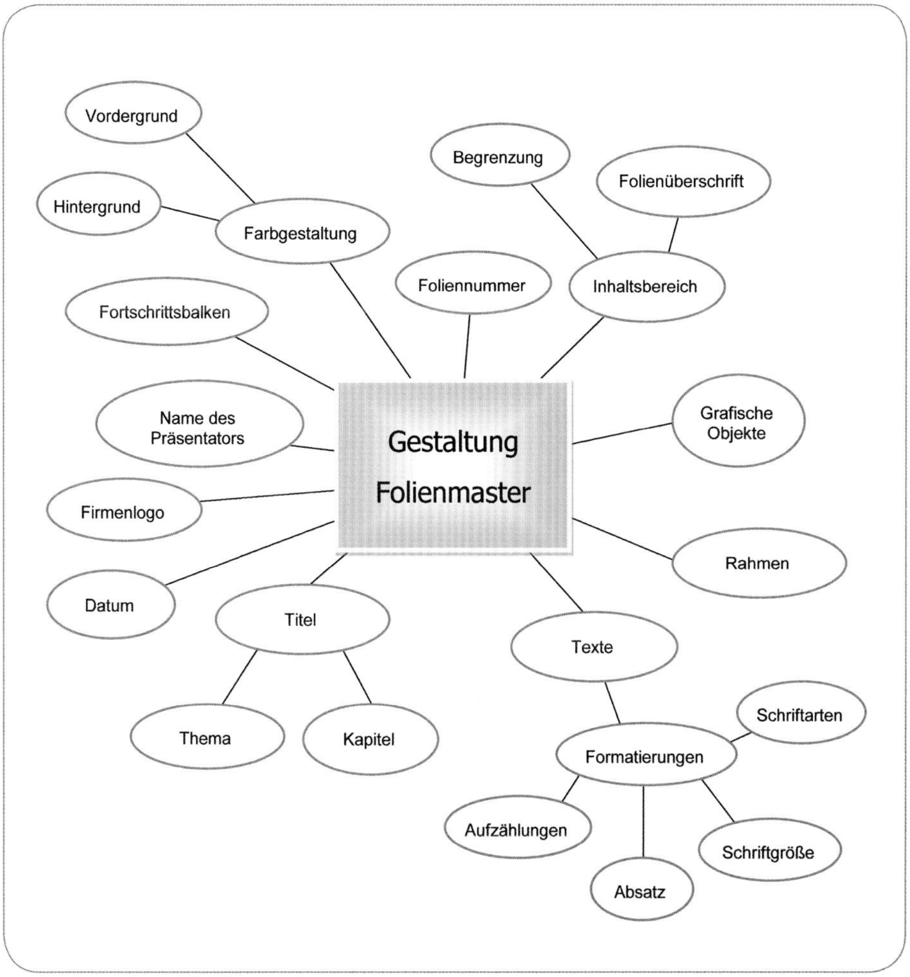

Man kann vieles hineinpacken in so einen Folienmaster, wobei in der dargestellten Mindmap noch eine Fülle weiterer Aspekte zu berücksichtigen wäre. Eine Umsetzung mit möglichst allen der oben angeführten Gestaltungselemente würde dann etwa wie die folgende Folie aussehen.

Hier wird das einleitende Zitat von Ramming plötzlich traurige Gewissheit. Denn die Wahrscheinlichkeit, solche Folien präsentiert zu bekommen, ist ziemlich hoch. Ein Zuviel an Text, unübersichtliche Strukturen, falsche Farbauswahl, unnütze Informationen und, und, und. Ich ersuche daher alle Anwender von PowerPoint, möglichst viel Mut zur Lücke zu beweisen.

Um den Unterschied aufzuzeigen und die Vorteile einer Reduzierung sichtbar zu machen, hier der nächste Folienentwurf. Eine bestimmte Auswahl an Elementen wurde dabei berücksicht, viele bewusst weggelassen.

- Der Titel der Präsentation
- Eine Folienüberschrift
- Optische Begrenzung des Inhaltsbereiches
- Übersichtliche Darstellung von Inhalten
- Hyperlinks in der Fußzeile führen zu den einzelnen Kapiteln
- Ebenso wird der aktuelle Präsentationsfortschritt angezeigt.

Eine weitere Möglichkeit, reduziert aber optisch ansprechend zu wirken, zeigt uns dieser Folienmaster. Überschrift, Inhaltsbereich und ein themenspezifisches Bild statt eines Logos kennzeichnen dieses Design. Problematisch könnte hier allerdings die Kontrastmaximierung des Inhalts gegenüber der Hintergrundfarbe werden.

punkt.genau präsentieren

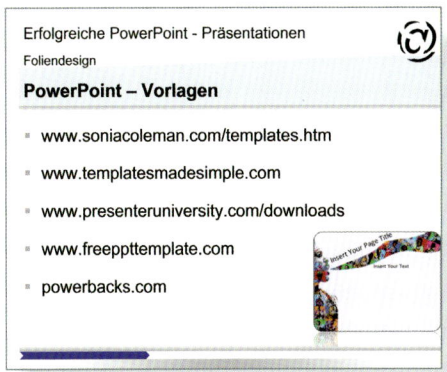

Viele Folienmaster stehen im Internet kostenlos zum Download zur Verfügung. Ebenso sind ganze Vorlagensets, meist gegen Kostenersatz, erhältlich. Sie zeichnen sich gegenüber den Standardvorlagen von PowerPoint zumindest durch individuelle Gestaltung aus. Unterschiedliche Designvorlagen anzusehen empfiehlt sich, um kreative Impulse und Ideen für die Gestaltung der eigenen Designvorlage zu bekommen. Hier einige bewährte Internetquellen:

Der Titelmaster soll neben dem Folienmaster einen optisch wirkungsvollen Präsentationseinstieg unterstützen. Das Design zwischen Titel- und Folienmaster ist in der Regel unterschiedlich im Aufbau, aber zueinander harmonisch. Also: Wenn schon, denn schon! Bringen Sie Ihren Zuhörern von Beginn an Ideenreichtum und Bewegendes mit – vor allem, wenn im Vorfeld Ihrer Präsentation Ihr Publikum die sich immer stärker ausbreitende Anti-PowerPoint-Bewegung bereits erfasst hat (Stichwort: Unternehmenskultur und negative Erfahrungen mit PowerPoint).

Anstatt des manchmal kritisch beäugten „Herzlich willkommen" unterstützt bei PowerPoint-Präsentationen eine erste Botschaft die Präsentationseröffnung positiv.

SIE begrüßen das Publikum, nicht PowerPoint!

Hier drei große Anliegen von meiner Seite, die Sie bei Ihren Masterfolien beherzigen sollten:

- Verwenden Sie bitte keinen Standard-Folienmaster!
  So etwas lässt den Verdacht nicht vorhandener Kreativität aufkommen. Damit haben Sie von Beginn an verloren.

- Weg mit dem Fliegendreck!
  Informationen, die so klein dargestellt sind, dass man sie schwer oder gar nicht lesen kann, werden oft als Fliegendreck bezeichnet. Hinweise auf die eigene Homepage, Seitenzahlen, Name und Firmenadresse lenken meist nur vom Inhalt der Folie ab. Oder interessiert Sie, auf welchem Netzlaufwerk die Datei abgespeichert ist? Für das Publikum sind solche klein geschriebenen Informationen oft nur als graue oder schwarze Flecken sichtbar.

- Lenken Sie mit dem Design nicht vom Inhalt ab!
  Ein Foliendesign ist zu sehen wie eine Geschenksverpackung. Wie enttäuscht wären Sie, wenn Ihr persönliches Geburtstagsgeschenk im wunderbaren Design keinen Inhalt hätte? Wie wir aber wissen, lässt sich ein Präsent durch eine geschickt gewählte Verpackung wertvoller darstellen. Bieten Sie daher dem Publikum einen grafischen Rahmen, der Ihre Inhalte ins rechte Licht rückt!

Das Äußere ist eindrucksvoll, das Innere entscheidend.

punkt.genau präsentieren

Wichtiges zum Design kurz gefasst

- Einheitlicher Aufbau
- Das Wesentliche auf einen Blick
- Formatierungen im Folienmaster festlegen
- Logo rechts oben positionieren
- Farbe ist Information – Wirkung beachten
- Kontraste maximieren
- Titel-, Überschrift-, Inhaltsbereich abgrenzen
- Kriterien für Schriftart und Schriftgröße einhalten
- Druckschrift statt Blockbuchstaben
- Doppelter Zeilenabstand
- Schlüsselworte statt Sätze
- Animationen, nur wenn förderlich
- Hyperlinks ermöglichen Flexibilität

SCHRIFTARTEN

Geschriebener Text macht gesprochene Worte klarer und wirkt unterstützend. Diese Klarheit steht gerade bei Präsentationen im Vordergrund.

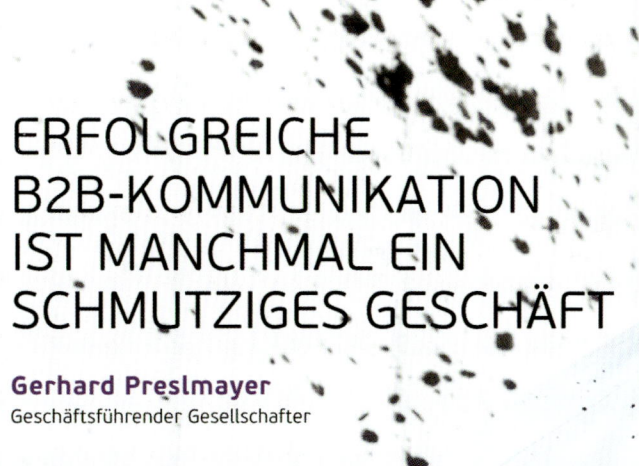

Viele Menschen denken im täglichen Leben genauso wenig über Schriftarten nach wie über die Luft zum Atmen. Sobald man beginnt, sich mit Typografie auseinanderzusetzen, bemerkt man, dass Schrift neben ihrer Funktion auch eine ästhetische Qualität besitzt. Es geht konkret um die visuelle Wahrnehmung, damit Ihre Botschaft auch ankommt. Wie bei Werbeplakaten liegt bei Präsentationen das Interesse vorwiegend darin, Texte möglichst effektiv einzusetzen, um eine klare Kommunikation zu erhalten.

Die wichtigsten Grundregeln für die Textgestaltung bei PowerPoint-Präsentationen sind:

- Die Schriftgröße wird für die letzte und nicht die erste Reihe gestaltet. Eine zu kleine und nicht eine zu große Schrift ist das Problem bei Präsentationen.
- Schreiben Sie so wenig wie möglich. Niemand im Publikum möchte eine Menge Folien lesen oder Ihnen zuhören, wie Sie Texte vorlesen.
- Geben Sie der Druckschrift gegenüber der Blockschrift den Vorzug.
- Falls Sie wenig Text haben oder kurze Wörter verwenden, könnten auch Großbuchstaben gut funktionieren.
- Stellen Sie eine maximale Lesbarkeit sicher. Prüfen Sie, ob diese durch andere Elemente in der Folie – z. B. den Hintergrund – beeinträchtigt wird.
- Die maximale Zeilenanzahl beträgt 7 plus minus 2.
- Maximal sieben Wörter je Zeile.
- Schlüsselwörter bewirken mehr als ganze Sätze.
- Doppelter Zeilenabstand schützt vor Überladung.
- Maximal drei Schriftarten und drei Schriftgrößen.

Also wenn schon Text, dann zumindest leserlich. Ganz allgemein betrachtet eignet sich serifenlose Schrift am besten für auf Leinwand projizierte Folien. Die Wahl der Schriftarten hängt vom Inhalt der Folie und von Ihrer Persönlichkeit ab. Authentizität entsteht durch den Einklang von Mensch und Medium. Tausende von Schriftarten machen Ihnen die Auswahl nicht unbedingt leichter.

In der folgenden Vorschlagsliste habe ich einige bewährte und andere, von mir bevorzugte, Schriftarten zusammengefasst:

Arial wurde von Robin Nicholas und Patricia Saunders geschaffen. Arial ist eine serifenlose Schrift mit großen Mittellängen und einfachen Formen. Manchmal wird diese Schriftart als charakterarm und unausgeglichen in ihrer Wirkung beschrieben.

punkt.genau präsentieren

Franklin

Franklin Gothic wird bis in die heutige Zeit gerne in der Werbung oder zur Textdarstellung auf Displayanzeigen benutzt. Franklin Gothic genießt in den USA einen ähnlichen Stellenwert wie Helvetica oder Univers in Europa.

Gill Sans

Die Schriftart Gill Sans wird wegen ihrer ruhigen Eleganz und vielseitigen Verwendbarkeit geschätzt. Sie wirkt individuell, warm und freundlich.

Helvetica

Helvetica gehört zu den weitest verbreiteten serifenlosen Schriftarten, 2007 feierte sie ihr 50-jähriges Bestehen. Die Wirkung lässt sich als neutral beschreiben, ohne langweilig zu wirken, als einfach und immer noch zeitgemäß.

Moderatio

Dieser Schriftfont wurde exclusiv für die Firma Moderatio entworfen und programmiert. Der Grund, warum ich diese kostenlos downloadbare Schriftart in diese Sammlung aufgenommen habe, ist die Harmonie, die bei einem Medienmix Flipchart und PowerPoint entsteht.

Raavi

Ähnlich wie Arial wirkt auch diese Schriftart sauber und einfach, aber dennoch nahezu perfekt.

Tahoma

Tahoma ähnelt der Schrift Verdana, hat aber einen geringeren Buchstabenabstand. Allerdings hat diese Schrift einen Gestaltungsfehler: Das Anführungszeichen oben ist nach links statt nach rechts geneigt, was zu einem stilistisch unschönen Schriftbild führt.

Segoe UI

Tahoma wurde durch die Schriftart Segoe UI abgelöst. Laut Microsoft kann man die in Segoe UI verfassten Texte um bis zu fünf Prozent schneller lesen.

Utsaah

Utsaah ist in Ihrer Wirkung sehr kompakt, stilvoll und vermittelt einen Hauch von Eleganz. Mir persönlich gefällt ihr weicher Ausdruck.

Für den Fall, dass Sie zwei (maximal aber drei) Schriftarten auf einer Folie verwenden wollen, empfiehlt es sich, harmonische Beziehungen auszuwählen. Schriften können für sich alleine sehr wirkungsvoll sein, bezogen auf das Gesamtbild in Kombination aber störend wirken. Versuchen Sie, Schriften derselben Schriftfamilie (Light, Light Italic, Ultra-light …. Condensed Bold, Condensed Black) zu verwenden und variieren Sie dabei Größe und Stärke deutlich. So wird der Unterschied klar erkennbar. Eine Kombination von Schriften aus zwei Familien kann ebenfalls positiv wirken. Achten Sie aber auf deren gemeinsame Wirkung und Unterscheidungsmerkmale.

punkt.genau präsentieren

DARSTELLUNG VON DIAGRAMMEN

Für die bildhafte Darstellung von Zahlen und Daten werden vorwiegend Tabellen und Diagramme verwendet. Wichtig dabei ist neben dem Wahrheitsgehalt wiederum die Einfachheit. Um das Wesentliche optisch vom Unwesentlichen zu trennen, sollte man auf zusätzliche Sprechblasen oder verwirrende Cliparts gänzlich verzichten. Ein einfaches und effektives Design von Tabellen und Diagrammen erreichen Sie mithilfe dreier grundlegender Prinzipien: Begrenzen – Reduzieren – Betonen.

BEGRENZEN

Einschränkungen fallen uns nicht immer leicht, daher werden oft zu viele Informationen in Diagrammen verpackt. Für eine Aussage nicht benötigte Daten und visuelle Ablenkungsmanöver bis hin zum Deko-Wirrwarr sind überflüssig. Beschränken Sie sich auf das Wesentliche!

REDUZIEREN

Die Zusammenfassung von Daten in Intervalle, statt zwanzig Punkte einer Befragung nur die „Top Five" zeigen, in Kategorien gruppieren, alle diese Reduzierungsmaßnahmen schaffen Überblick. Reduzieren Sie deshalb auf das Essenzielle und kontrollieren Sie, ob

- der Kern der Aussage, der dieses Diagramm stützt, noch enthalten ist,
- das Diagramm dem Publikum nützt, um den Inhalt zu verstehen,
- und die Folie unnötige Elemente enthält.

BETONEN

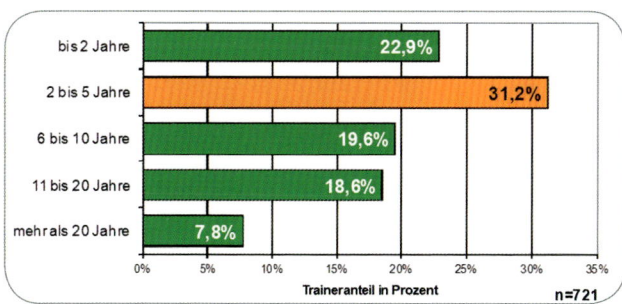

Damit ist nicht ein unnötiges Ausschmücken von Daten gemeint, sondern die Aufforderung, wesentliche Inhalte hervorzuheben, um dem Publikum zu zeigen, worauf besonders zu achten ist.

ARTEN VON DIAGRAMMEN

ZU PRÄSENTATIONSZWECKEN

Diagrammtypen werden grundsätzlich nicht nach ihrem Erscheinungsbild ausgewählt, vielmehr gibt es dazu fixe Regeln. Im Sinne eines schnellen Themenüberblicks und um nicht in die Grundlagentheorien des wissenschaftlichen Arbeitens abzudriften, begrenze ich meine Ausführungen. Im ersten Schritt finden Sie heraus, welchen Datentyp Sie darstellen wollen und entscheiden dann, welcher Diagrammtyp für die Darstellung geeignet ist. Dazu ein paar wichtige Tipps zur Diagrammdarstellung:

KREISDIAGRAMM

Das Kreisdiagramm stellt immer das Ganze und seine Teile dar. Aus Gründen der Übersichtlichkeit sollten nicht mehr als sechs Teile verwendet werden. Übliche Anwendung für das Kreisdiagramm ist die Darstellung von Anteilen und Verteilungen, beispielsweise Ja-Nein-Stimmen, das Verhältnis von männlich und weiblich, Kostenanteile, Umsatz- oder Gewinnverteilung u. ä.

- Der wichtigste Kreissektor sollte an der 12-Uhr-Linie angesetzt werden.
- Maximal sechs Teile. Wenn mehr vorhanden sind, dann zusammenfassen.
- Teilmengen optisch differenzieren.
- 360 Grad entsprechen 100 Prozent der darzustellenden Menge.

BALKEN- UND SÄULENDIAGRAMM

Das Balkendiagramm ist ein häufig verwendeter Diagrammtyp. Es ist dem Säulendiagramm ähnlich, stellt die Datenreihen aber durch waagrecht liegende Balken dar. Diese Diagrammtypen sind bestens geeignet für Rangzahlen.

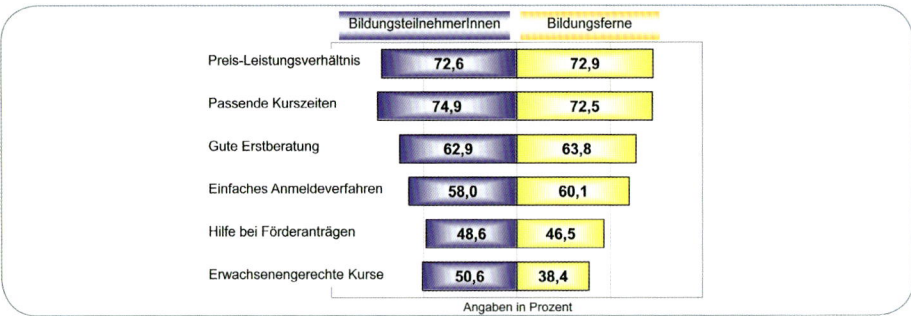

punkt.genau präsentieren

Rangzahlen drücken die Relationen „kleiner", „größer", „gleich" aus. Auch quantitative Zahlen lassen sich damit sehr anschaulich darstellen. Beispiele sind: Einkommensverteilung, Quartalsumsätze, Ausfallzeiten, Belastungen, Lagerbestände …

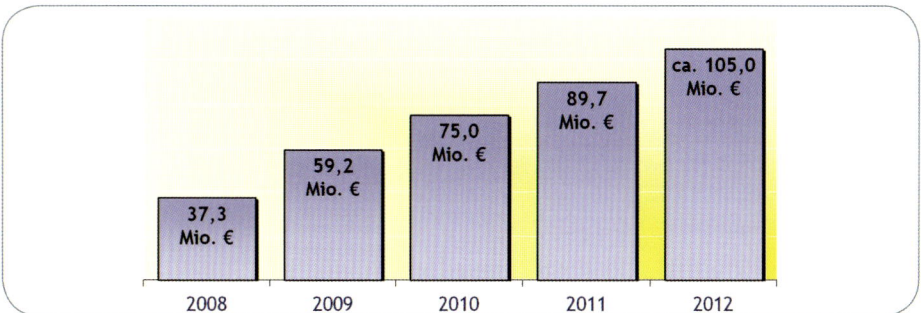

- Definieren Sie die Abstände zwischen den Balken bzw. Säulen kleiner als deren Breite.
- Zahlenangaben sollten möglichst rund sein: Maximal eine Dezimalstelle oder überhaupt weglassen, wenn sie für die Aussage keine besondere Bedeutung hat.
- Die Wertangabe kann relativ (in Prozent) oder in absoluten Zahlen dargestellt werden.
- Beschriften Sie die Balken und Säulen.
- Im Gegensatz zu einem normalen Säulendiagramm werden bei der Häufigkeitsverteilung (Histogramm) keine Zwischenräume zwischen den Säulen freigelassen.

LINIENDIAGRAMM

Dieser Diagrammtyp ist dienlich, wenn Daten (Meßwerte, Wachstum, Entwicklung) über einen längeren Zeitraum verglichen werden. Liniendiagramme sind auch bei einer großen Zahl von Datenpunkten geeignet. Anwendungsbereiche sind die Darstellung einer Umsatzentwicklung, der Entwicklung von Marktanteilen, von Qualitätszahlen oder Verkaufszahlen, …

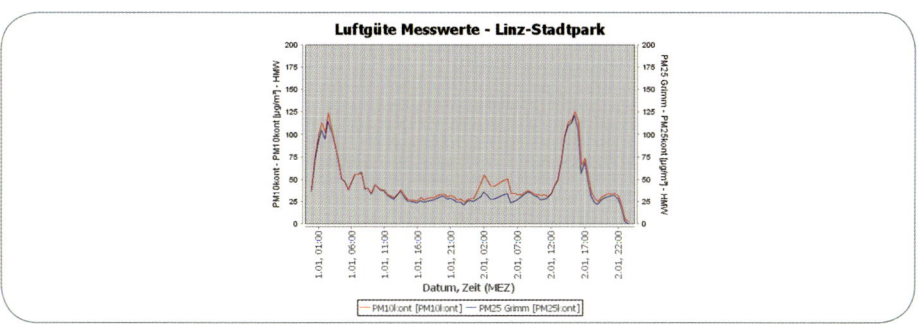

- Die Strichstärke der Kurven soll breiter sein als jene der Basislinie.
- Die Basislinie soll etwas dicker oder kontrastreicher sein als die vertikalen und horizontalen Linien des Hintergrundgitters.
- Wichtig ist es, beim Hintergrundgitter das richtige Maß zwischen zu vielen und gar keinen Linien zu finden.
- Zahlenangaben sollten möglichst gerundet sein.
- Jede Achse ist zu beschriften.

PUNKTDIAGRAMM

Dieser Diagrammtyp wird verwendet, wenn die Beziehungen zwischen den einzelnen Datenpunkten im Vordergrund stehen sollen. Das typische Beispiel dazu sind Schwankungen der Aktienkurse.

Für Präsentationen wird dieser Diagrammtyp allerdings selten verwendet, da Punkte auf einer großen Präsentationsfläche oft schlecht erkennbar sind. Mit einer entsprechenden Beamerqualität ist dieses Problem jedoch rasch zu beseitigen.

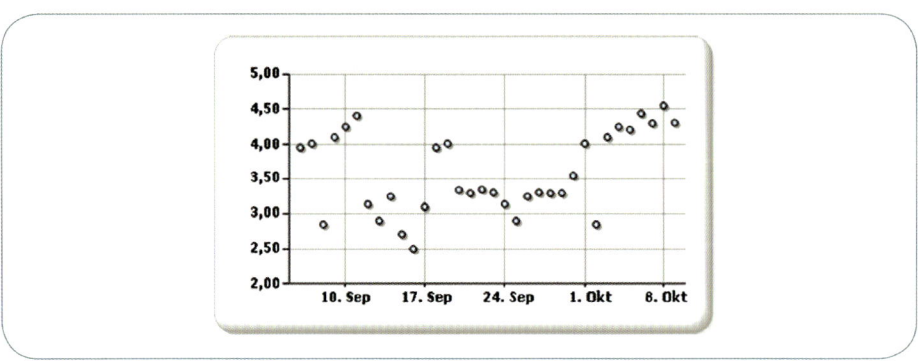

GESTALTUNGSREGEL ORDNUNG UND EINHEITLICHKEIT

Der Gestaltungshinweis „Kerninformation in die Mitte" ist ein weit verbreiteter Irrtum. Die Wirkung der dargestellten Information wird dadurch eher reduziert als optimiert. Es ist besser, sich bei der Einteilung einer Folie auf das alte Gestaltungsprinzip des Goldenen Schnittes zu beziehen. Dabei wird das Objekt durch Linien im Abstand von 1 : 1,6 unterteilt. Diese Streckenverhältnisse werden seit der griechischen Antike als Inbegriff von Ästhetik und Harmonie angesehen. Sie werden als ideale Proportionen in Kunst und Architektur angewendet und kommen auch in der Natur vor.

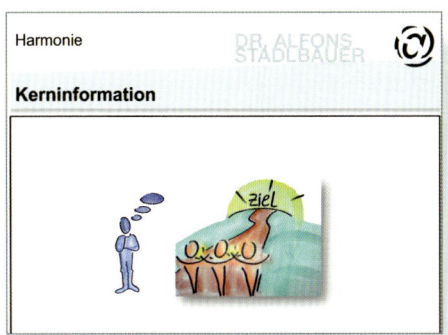

Das Verhältnis zweier Strecken von 1 : 1,6 gilt daher als besonders harmonisch. Wird der Inhaltsbereich einer Folie dementsprechend unterteilt, ergeben sich insgesamt vier markante Punkte, die sich zur Positionierung wichtiger Informationen besonders eignen. Das bedeutet, nicht die Bildmitte, sondern diese etwas aus der Mitte verschobenen Punkte sprechen den Betrachter besonders an.

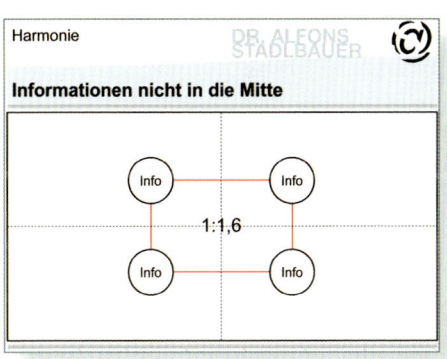

STRUKTURIERUNG MIT RASTER ERZEUGEN

In Anlehnung an den Goldenen Schnitt lässt sich ohne hochtrabenden, mathematischen Aufwand mit einem einfachen Raster oder der in einer Präsentation unsichtbaren PowerPoint-Hilfslinien eine Struktur zum Platzieren von Elementen erzeugen. Diese Orientierung erhöht für den Betrachter Klarheit und Zusammenhang von Informationen.

Dem 3-mal-3-Raster liegt der Goldene Schnitt zugrunde.

Der Standardraster 3 x 3 ist eine einfache und effiziente Strukturierungsmöglichkeit, kann aber je nach Bedarf geändert werden. Letztlich hängt es von Ihrer Zielsetzung ab, welcher Raster erforderlich ist. Auch ein Raster aus fünf Spalten und vier Zeilen (5 x 4) gilt in vielen Fällen als ideal. Mit der Unterteilung in Raster wird die Strukturierung von Bild – und Textelementen wesentlich erleichtert. Die dabei entstehende Einheit führt schließlich zu einem harmonischen Design und Erscheinungsbild.

LESERICHTUNG VERSUS DRAMATURGIE

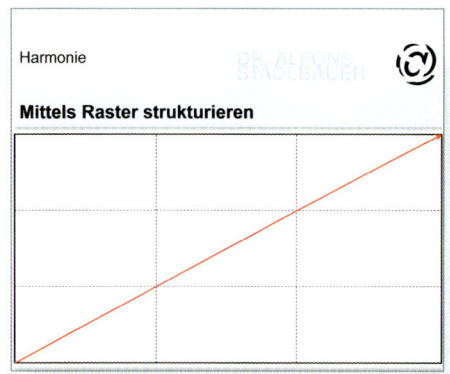

Von links oben nach rechts unten wird in unserem Kulturkreis ein Text gelesen, und in diese Richtung verläuft auch meist die Informationsdarstellung. In Anlehnung an die „westlichen" Augenmuster weiß man aber, dass die rechte Seite (aus Sicht des Betrachters) immer Zukunft und die linke Seite Vergangenheit assoziert.

Somit ist bei der Darstellung von Inhalten ihre Positionierung wesentlich, damit Inhalt und Aussage eins sind. Möchte man zum Beispiel eine künftig positive Entwicklung darstellen, wäre die Positionierung links oben nach rechts unten der beabsichtigten Botschaft entgegengesetzt. Berücksichtigt man diese theoretischen Hintergründe, kommt man zu diesem Bild.

punkt.genau präsentieren

TEXT UND BILD – EINE STARKE SYMBIOSE

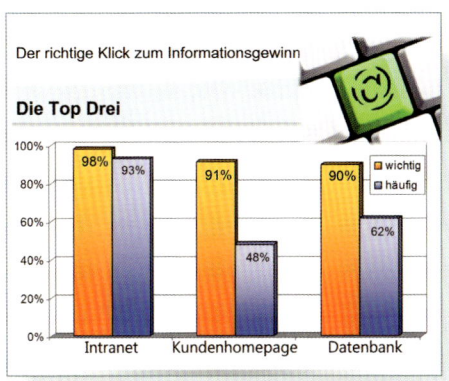

Passen Bild und Text zusammen, schafft das Klarheit und Verständlichkeit. Wenn Zahlen, Daten und Fakten in Diagrammen dargestellt werden, ist bei eingefügten Tabellen (z. B. in Excel) unbedingt auf die Diagrammüberschrift zu verzichten. Warum? Weil die Folienüberschrift diese Funktion übernimmt. Es bedarf nicht zweier Überschriften für ein und dasselbe Diagramm. Zusätzlicher Gewinn ist die Nutzung des gesamten Inhaltsbereiches für die Diagrammdarstellung.

Bilder im Vollformat haben die stärkste Wirkung! Häufig werden eingefügte Bilder aber viel zu klein dargestellt, Lesbarkeit und Wirkung dadurch drastisch reduziert. Berücksichtigen Sie die Ursprungsgröße eines Bildes und beachten Sie, dass die Auflösung vor dem Einfügen in die PowerPoint-Präsentationsfolie anzupassen ist. Auch bei einer verkleinerten Darstellung bleibt die ursprüngliche Datenmenge erhalten.

Gefahr: Sie benötigen viel Speicherplatz und reduzieren die Rechengeschwindigkeit Ihres Computers merklich. Sichtbar wird dieses Detail für Ihr Publikum dann, wenn Animationen und Folienwechsel zeitverzögert sichtbar werden.

Kompetenz zeigt sich auf viele Arten – das vergessen manche allzu gern!

Elemente, die auf einer Folie verwendet werden, müssen Bestandteil der Botschaft sein. Wenn einzelne Bestandteile wie beispielsweise Bild und Text zusammenpassen, bewirkt das Harmonie, vermittelt den Eindruck von Geschlossenheit und verstärkt die Kommunikation.

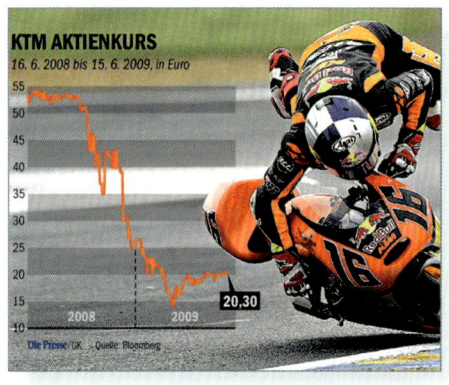

Bild kombiniert mit Diagramm, ergänzt durch Text. Diese Folie (Quelle: www.diepresse.com) weist durch ihre eindrucksvolle Wirkung auf den radikalen Kursverfall nach Eintritt in die Wirtschafts- und Finanzkrise hin. Die Kernaussage dieser Folie lautet: „Die Situation ist derzeit angespannt!"

Selbstverständlich hätte Steve Jobs bei seiner MacBook-Präsentation sagen können, dass es nur 1,7 cm dick ist, doch das Foto des MacBooks im Briefumschlag hatte eine viel größere Außenwirkung.

DIE HÄUFIGSTEN FEHLER BEI DER VERWENDUNG VON BILDERN

iPad, iPhone und Digitalkameras verhelfen ihren Benützern zu vielen Schnappschüssen. Daran ist auch nichts auszusetzen – im Gegenteil! Was sich dabei eher negativ entwickelt hat, ist der wahllose Einsatz von unbearbeiteten Bildern auf Präsentationsfolien. Hier die häufigsten Fehlerarten bei der Verwendung von Bildfolien:

- **Das Bild hat zu geringe Abmessungen.** Es muss ja nicht immer ein Vollformat sein, aber leider sind Bilder oft zu klein dargestellt. Na ja, schließlich muss der ganze Text auch noch auf die Folie rauf. Daher: Wenn ein Bild, dann sichtbar!
- **Bilder werden wahllos auf der Folie platziert.** Zukunftsweisendes wird links, Negatives oben dargestellt, positive Entwicklungen werden unten platziert usw. – Falsche Platzierung ist kontraproduktiv. Positionieren Sie Ihr Bild wohl überlegt!
- **Das Bild pixelt aufgrund zu geringer Auflösung.** Das passiert häufig, wenn ein kleinformatiges Bild vergrößert bzw. gestreckt wird und wirkt absolut unprofessionell.
- **Ein Wasserzeichen auf dem Bild.** Copyright verstehen manche als right to copy.
- **Das Bild ist verzerrt.** Horizontal oder vertikal verzerrte Bilder sind häufig zu sehen. Bitte in Zukunft nicht (mehr)!
- **Cliparts – noch dazu von der Stange.** Was im letzten Jahrhundert noch zur Erheiterung geführt hat, ist heutzutage ein Absturzgarant – absolutes No-Go!

MEHR LUST STATT POWERPOINT-FRUST

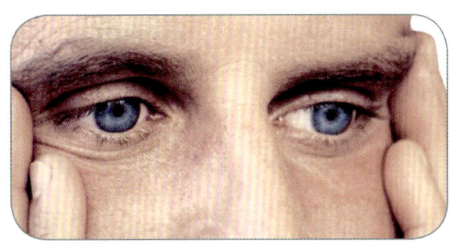

Ein kritischer Blick auf die Folienkulisse zeigt, wie wahllos und unstrukturiert visuelle Kommunikation oft durchgeführt wird. Daher wundert es mich nicht, warum dieses Medium so an Glanz verloren hat.

Ohne viele Worte zeige ich Ihnen nun einige Originalbeispiele aus meiner Praxis, die ich nach kurzer Suche in meiner Sammlung gefunden habe. Alle oben angeführten Grundsätze wurden dabei hundertprozentig ignoriert.

WORST CASE OF POWERPOINT

Folgende Folien wurden von fachlich hoch ausgebildeten Personen erstellt. Diese Beispiele zeigen gerade deshalb die Notwendigkeit erfolgreicher und punkt.genauer Präsentationen auf!

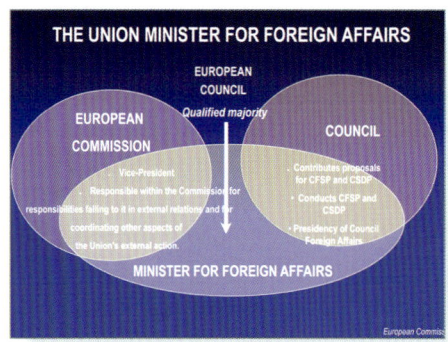

Ein dunkler Hintergrund auf großen Projektionsflächen bewirkt einen Abfall der Konzentrationsfähigkeit.

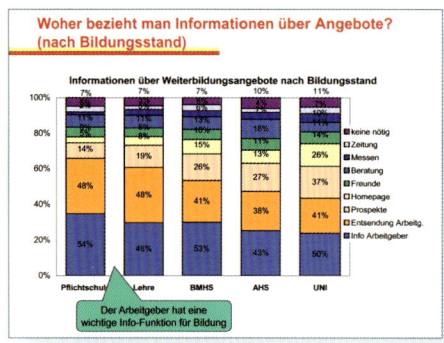

Ein Zuviel an Information, die noch dazu schwer bzw. gar nicht lesbar ist, begeistert niemanden.

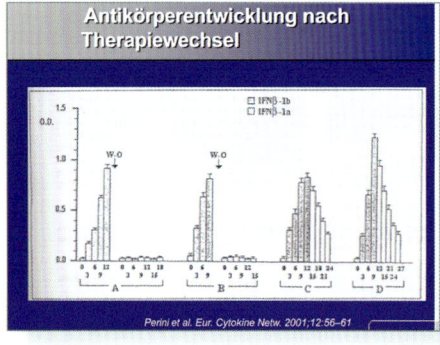

Kopierte Diagramme zeigen geringe Wertschätzung dem Publikum gegenüber und vermitteln Unprofessionalität.

punkt.genau präsentieren

Ein Standardfolienmaster ist eben nur gewöhnlicher Standard.

Manche Präsentationen zeigen kompakt, was man alles falsch machen kann. Die nebenstehende Folie ist der absolute Worst Case.

Es macht schon Sinn, wenn man die Gestaltungsregeln bei Diagrammen nicht vergisst.

Fachkompetenz ist zu wenig! Man benötigt zusätzlich Methodenkompetenz!

IPAD BIS TABLET – VISUALISIERUNG MIT NEUEN MEDIEN

Mit selbst erstellten Visualisierungen lassen sich Menschen mehr begeistern als mit üblichen Präsentationsfolien. Vor allem dann, wenn es darum geht, bildhafte Darstellungen direkt vor den Augen des Publikums entstehen zu lassen. Bewegung erzeugt Aufmerksamkeit, die Voraussetzung für eine effiziente Vermittlung von Informationen ist. Der Trend, auf neuen Medien kreative und aussagefähige Darstellungen selbst zu visualisieren, ist unübersehbar. Viele neue interaktive Stift-Displays (Pen-Displays) und eine neue Generation von Tablet-Laptops bis hin zum iPad bereichern heute punkt.genaue Präsentationen in ihrer Anwendungsvielfalt.

SCRIBBLING

Es geht hier zwar wortwörtlich ums Kritzeln, aber der Focus liegt beim schnellen und professionellen Erstellen von Freihandzeichnungen auf elektronischen Hilfsmitteln. Damit gehören bisherige Einschränkungen durch Flipchart & Co. endgültig der Geschichte an. Egal ob zwei, zwanzig, zweihundert oder zweitausend Zuhörer im Publikum sitzen, mit entsprechender Leinwandgröße und leuchtstarker Beamerausstattung können Sie Ihre Inhalte quasi in Echtzeit zeichnerisch darstellen. Eine neue und stressfreie Variante ist die Kombination mit Handzeichnungen auf vorbereiteten Folien. Das ergibt einen guten Mix und ermöglicht die individuelle Gestaltung bzw. Aufnahme von spontanen Zuschauerreaktionen ins vorbereitete Bild.

KLASSISCHE PRÄSENTATIONSFOLIE

- Wir sorgen für gesunde und sichere Arbeitsbedingungen
- Wir entlohnen ortsüblich
- Wir stellen unseren MitarbeiterInnen ordentliche Unterkünfte bereit

VISUALISIERUNGSMIX

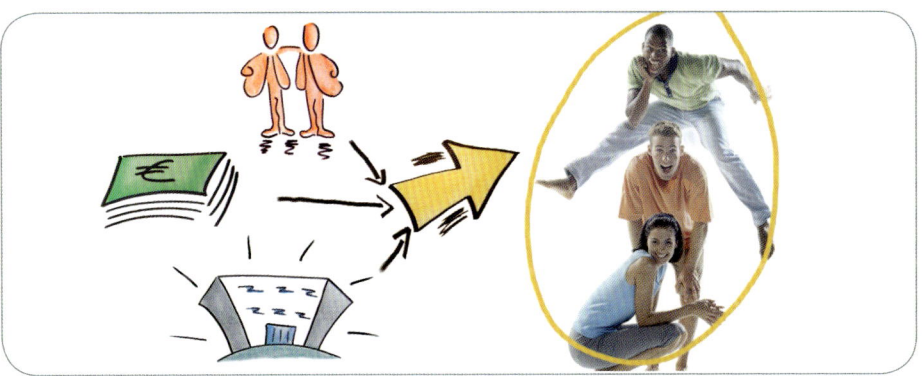

DER PASSENDE STIFT FÜR IHR ELEKTRONISCHES HILFSMITTEL

STIFTE FÜR TABLET-PC

Ein Tablet-PC kann mit einem Stift auf dem Bildschirm bedient werden. Im Gegensatz zum Touchscreen ist der Bildschirm hier fast nicht berührungsempfindlich.

Der Handballen kann beim Schreiben oder Zeichnen auf dem Bildschirm liegen, ohne die Erkennung der Stiftposition zu stören. Das wiederum erfordert eine entsprechende Parametrierung im Tablet-Menü, das je nach PC-Typ zu bedienen ist. Allerdings ist die Bedienung ausschließlich mit einem passenden Spezialstift möglich. Diese Spezialstifte haben dafür Zusatzfunktionen. Der wesentliche Vorteil ist die harte Spitze des Stiftes, die eine präzise Stiftführung ermöglicht. Je nach Stärke des Drucks auf den Stift entstehen verschiedene Strichbreiten, die wiederum zu professionelleren Darstellungen führen. Vorrausetzung ist: Im Tablet-Menü wird für den Stift die Einstellung „Druckempfindlich" eingestellt. Weiters gibt es bei diesen Stiften meist frei programmierbare Tasten, die beim Benutzer aber in der Praxis oft zu Irritationen führen. Auch hier gilt: „Weniger ist Mehr!" Mit einem „normalen" Computer lassen sich mit der Maus oder einem zusätzlichen Zeichentablet einfache Skizzen erstellen. Dazu siehe weiter unten.

STIFTE FÜR IPAD

Gleich vorweg, die Suche nach einem gut funktionierenden Stift für die kapazitiven Displays von iPhone und iPad kann zum Abenteuer werden. Denn die „iStifte" reagieren nicht wie übliche Pocket-PC-Stifte und funktionieren erst ab einer gewissen Auflagefläche. Feine Stifte werden bei normalem Auflagedruck nicht erkannt, was aber für genaues Schreiben und Zeichnen notwendig ist. Derzeit sind fast keine iPad-Stifte mit „echter" Spitze im Handel erhältlich.

Apple selbst konnte ja die Stiftbedienung nicht einführen, weil sie bei all ihren Geräten die bereits erwähnte kapazitive Touchtechnologie verwenden. Daher gibt es keine Original Apple Stifte und der Wildwuchs anderer Hersteller hat seinen Höhepunkt noch lange nicht erreicht.

punkt.genau präsentieren

Wenn es nur darum geht, einen Sift für große Hände, schnelles Tippen, leichtes Navigieren oder flüssiges Spielen zu besitzen, reichen viele der angebotenen Stifte aus. Allerdings nicht für professionelles Visualisieren. Dennoch sollte man den Kopf nicht hängen lassen – mit ein bisschen Übung und dem richtigen App gelangt man auch hier zu plakativen Bildern.

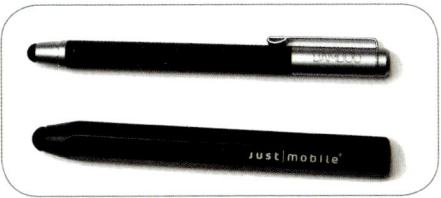

Ich habe als Beispiel aus dem derzeitigen Stift-Dschungel zwei Exemplare herausgenommen: den halbwegs preisgünstigen Just Mobile AluPen (es gibt noch viel billigere Stifte) und den Bamboo Stylus, der zwei- bis dreimal so teuer ist. Im Werbetext zum Just Mobile AluPen heißt es, dass Schreiben und Zeichnen auf dem iPad zu einem einzigartigen Erlebnis werden – und das stimmt. Denn mit ihm muss man wirklich erst umgehen lernen! Extrem robust in der Bauweise und eine Softtouchspitze mit dem Anspruch, die größte zu sein, erinnert dieses Ding an alles andere als einen Schreibstift. Mehr lässt sich dazu nicht sagen.

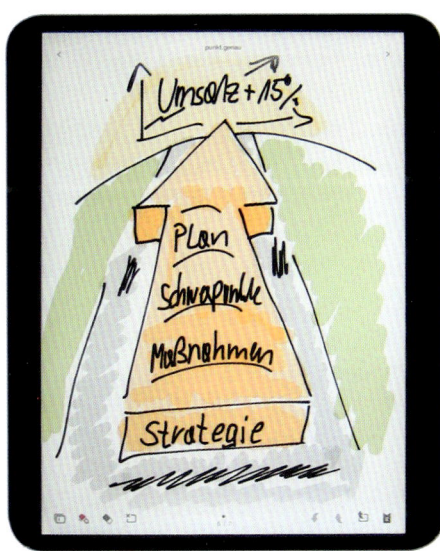

Damit komme ich zum Bamboo Stylus, der wie ein richtiger Stift in der Hand liegt und (gemäß Produktbeschreibung) Zeichnungen, Skizzen und Notizen auf dem iPad zu einer intuitiven Erfahrung werden lässt. Wenn auch nicht der optimale Stift, ist er auf jeden Fall die bessere Alternative. Gewöhnt man sich an die weiche Spitze, lassen sich rasch herzeigbare Visualisierungen erstellen. Er gleitet gut auf der glatten Bildschirmoberfläche eines iPads, liegt angenehm in der Hand und funktioniert auch dann sehr gut, wenn man ihn schräg hält.

Andere Stifte muss man steil, also annähernd im rechten Winkel zur Zeichenfläche halten, um überhaupt auf dem iPad schreiben zu können. Dazu experimentierte ich mit dem Stift von Hama, der eine angeschrägte und harte Spitze hat. Etwas schräg gehalten funktioniert er nicht mehr, weil eben die Auflagefläche zu dünn wird.

Fazit: Es bleibt zu hoffen, dass der ideale Stift für das iPad bald entwickelt wird.

APPS ZUM VISUALISIEREN UND PRÄSENTIEREN

Die Aussichten, rasch das passende Visualisierungs-App zu finden, sind trüb. Aber ich habe mich auf die Suche begeben und bin fündig geworden. Hier stelle ich Ihnen die Ergebnisse vor und beginne mit einem empfehlenswerten Einsteiger-App von Bamboo.

Ein einfach zu bedienendes Schreib- und Zeichentool, mit dem man bis zu zwanzig mehrere Seiten umfassende Notizbücher anlegen kann. Die Vorteile liegen in der einfachen und schnell zu erlernenden Menüführung.

Geeignet ist dieses Tool für Visuelle Kommunikation vorwiegend bei handschriftlichen Aufzeichnungen, Notizen und Protokollierungen. Für jene unter Ihnen, die zunächst nur üben und Sicherheit beim freihändigen Visualisieren erreichen wollen, finde ich dieses App empfehlenswert. Wie gesagt mit der Einschränkung, dass sein Hauptverwendungszweck die Notizbuchfunktion ist und es nicht für Präsentationen im großen Stil geeignet ist.

Die drei größten Nachteile in Bezug auf Präsentationen sind aus meiner Sicht:
- Kein Querformat einstellbar und daher bezogen auf TV und Beamer nicht bildfüllend.
- Eine reduzierte Farbauswahl ist schon in Ordnung, aber hier fehlen wichtige Farben.
- Keine Fotos oder weitere Importe integrierbar.

punkt.genau präsentieren

Für jene, die neben ihrem iPad-Stift auch mal die eigenen Finger als Schreibgerät verwenden wollen, ist das App Paper von Fiftythree bestens geeignet.

Neben der einfachen Handhabung verfügt dieses App über eine Auswahl verschiedener Stiftarten (z. B. Marker, Schreibstift, Pinsel, ...), die aber einzeln gekauft werden müssen. Durch die automatische Änderung der Strichbreite – langsame Zeichengeschwindigkeit bewirkt einen schmalen Strich, schnelles Zeichnen einen breiten Strich – werden auch bei geringen Zeichenfähigkeiten sehr ansehnliche Visualisierungen sichtbar.

In Buchform dargestellt, mit schnell auswählbaren Seiten, ist eine einfache Handhabung garantiert. Alle hier gezeigten Apps haben den Vorteil, dass die Menüleiste bei einer Beamerpräsentation für das Publikum nicht sichtbar ist; das sorgt für Professionalität und gibt Sicherheit beim Präsentieren. Der Vorteil dieses besonderen Apps ist die Darstellung im Querformat.

Eine weiteres App, PaperDesk, sieht das Importieren von Fotos, Sprache und Tastatureingaben vor. Wie bei den oben gezeigten Apps ist auch hier das Anlegen mehrerer Notizbücher machbar. Darüber hinaus ist bei PaperDesk das Einfügen von Fotos oder bereits bestehenden Dokumentationen möglich. Dadurch lassen sich ergänzende Notizen und Anmerkungen zu vorbereiteten Dokumenten hinzufügen. Der Hauptverwendungszweck ist wiederum der Notizblock.

Penultimate, das letzte App zum Mutmachen, schließt neben der Notizfunktion das interne Fotoalbum, die Kamera und weitere wichtige Werkzeuge ein. Ein wesentlicher Vorteil bei Beamerprojektionen ist die Bilddarstellung im Querformat.

Neben den gängigen Funktionen „Rückgängig", „Wiederherstellen", „Ausschneiden" und „Seite löschen", lassen sich auch unterschiedliche Papierformate auswählen. Eine einfache Mailfunktion unterstützt die direkte Versendung im PDF-Format.

Drehen wir nun das Rad der Perfektion ein Stück weiter. So kommen wir zu einer Gesamtlösung, die für erfolgreiche Präsentationen bestens geeignet scheint. Das App heißt neu.Notes und macht sich durch seine positiven Eigenschaften einen wirklich guten Namen. Hier die Zusammenstellung der wichtigsten Merkmale:

- Mehrere Stifte, die jeweils individuell mit verschiedenen Farben, Strichstärken und Transparenz vordefiniert werden können.
- Farben und Stifte können per Touch ohne Kontextmenü ausgewählt und gewechselt werden.
- Die Eingabe von Texten kann handschriftlich oder über Tastatur erfolgen.
- Die Texteingabe ist per Zoomfunktion in einem Extrafeld möglich.
- Ein Fotoimport ist aus dem Archiv und durch eine eingebaute Kamera möglich.
- Sie können Landkarten schnell in die Präsentationsfolie integrieren.
- Dokumente können überschaubar und leicht organisiert werden.
- Die erstellten Notizen sind per E-Mail, PNG-Bilder und PDFs versendbar.
- Die Erstellung mehrseitiger handschriftlicher PDF-Dokumente ermöglicht eine umfangreiche Dokumentation.
- Papierstile sind im Quer- und Hochformat beliebig wählbar.
- Dieses App ist kostenlos.

Ein Blick auf die Struktur der Arbeitsoberfläche von neu.Notes verrät die Einfachheit der Menüführung. Neben Funktionen wie „Rückgängig" und „Wiederholen" von Aktionen sind die Toolbox und das Stiftmenü weitere Kernelemente. Tools wie „Löschen", „Bewegen" und „Einfügen" von Objekten, das Zeichnen von geraden Linien und anderen geometrischen Formen, das Einfügen von Fotos, vordefinierten Symbolen und Landkarten können hier einfach ausgewählt werden.

Die übersichtliche Stiftauswahl als weiteres Kernelement der Menüstruktur beinhaltet die Farbwahl, Transparenz- und Strichstärkensteuerung. Was hier als besonderes Merkmal bezeichnet werden kann, ist der einstellbare Füllbereich gezeichneter Konturen. Damit lassen sich eindrucksvolle Symbole sekundenschnell erstellen.

Falls das noch immer nicht genügt, sind Sie mit der erweiterten App-Version neu.Notes+ gut beraten. Dieses App hat die gleichen Features wie neu.Notes, allerdings erweitert durch einige Zusatzfunktionen.

- Ansichtsoptionen nach Titel oder Datum erleichtern die Übersicht von erstellten Notebooks.
- Notizblätter können optional mit Raster oder Liste dargestellt werden.
- Ein Dropbox-Export ist möglich.
- Die Seitengröße ist individuell einstellbar.
- Die erweitere Bild-Editor-Auswahl ermöglicht das Verschieben, Ausschneiden, Kopieren und Einfügen von Objekten.
- Objekte können gruppiert werden.
- Neben der normalen Radierfunktion gibt es eine zusätzliche Objektlöschfunktion.

Ein Zusatz von neu.Notes+ ist die erweiterterte Standard-Symbolauswahl. Sie kennen die Standard-Cliparts von Windows? Wenn alle dieselben verwenden, verlieren diese Symbole sehr schnell an Wirkung. Kreieren Sie daher Ihre eigene Symbolsammlung!

Innovativ sind die Verwendung von eigenen Symbolen und die flexible Verwendungsmöglichkeit während der Präsentation. So können Sie Ihre Symbolsammlung einfach per Touch sichtbar machen und ein gewähltes Symbol in die Notiz einfügen. Damit sind Sie in Ihrer Darstellungsvielfalt nicht eingeschränkt und die Individualität ist gesichert.

Um die Vielfältigkeit bei Präsentationen zu gewährleisten und technische Stolpersteine aus dem Weg zu räumen, werden heutzutage gerne PDF-Präsentationsvorlagen verwendet. d. h. PowerPoint-Präsentationen als PDF gespeichert. Für diesen Fall verwende ich gerne das ebenfalls kostenlose App neu.Annotate.PDF. Bei PDF-Präsentationen ist allerdings zu beachten, dass keine Animationen mehr durchführbar sind bzw. Animationen manuell erstellt werden müssen. Dabei wird die Animation auf mehreren Folien aufgebaut (vergleichbar mit einem Zeichentrickfilm aus jener Zeit, als Bilder laufen lernten), um quasi künstlich eine Animation zu erzeugen. Der Clou bei PDF-Präsentationen ist, dass Anmerkungen während einer Präsentation hinzugefügt werden können.

Zum Annotieren (Beifügen, Hinzufügen) ist dieses App bestens geeignet. Mit der gleichen Benutzeroberfläche wie das oben beschriebene App neu.Notes können Sie wichtige Stellen markieren, Ergänzungen und Anmerkungen hinzufügen sowie rasch Zusatzzeichnungen erstellen.

Wie bei der App-Serie neu.notes gibt es auch hier gegen geringen Kostenersatz eine erweiterte Ausführung. neu.Annotate.PDF+, zeichnet sich durch einige zusätzliche Möglichkeiten gegenüber der Standardversion aus. Ich meine: Das ist es wert!

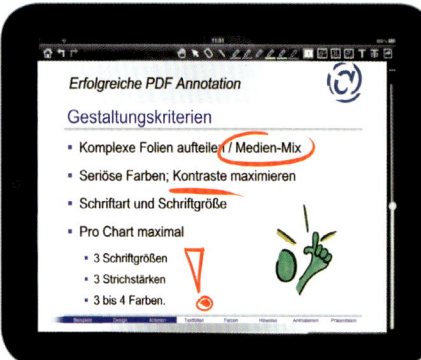

Ein Mix von Professionalität und Spontaneität ergibt einen Cocktail mit viel Geschmack.

Das Beste daran, er hält lang an!

Zum Präsentieren, ohne die Möglichkeit des Annotierens, verwenden viele Präsentatoren das App mit der Bezeichnung Keynote. Auch wer Keynote noch nie verwendet hat, kann damit einfach und schnell eine wirkungsvolle Präsentation erstellen. Mithilfe von leistungsfähigen Grafikwerkzeugen lassen sich eindrucksvolle Bilder erzeugen. So beispielsweise mit der Funktion „Transparenz": Damit wird der Hintergrund eines Bildes entfernt. Oder man maskiert einen Bildausschnitt mit einer vorgezeichneten Form, z. B. einem Kreis oder Stern und erhält so seine formgefertigte Darstellung. Neben der anwenderfreundlichen Art, Präsentationen erstellen zu können, ist auch die Importfunktion für PowerPoint-Präsentationen vorhanden. Sie funktioniert in vielen, leider nicht allen Fällen reibungslos.

Verbesserungspotenzial hat auch die speziell bei Animationen geringe Anzeigegeschwindigkeit.

Das Hinzufügen von handschriftlichen Anmerkungen ist im Gegensatz zu Annotate Apps oder der üblichen PowerPoint-Anwendung am PC hier nicht möglich. In diesem Fall müssen Anmerkungen als vorbereitetes Objekt eingefügt werden.

Neben dem kostenpflichtigen App Keynote gibt es natürlich viele weitere Gratis-Apps für den Einsatz bei Präsentationen. Qualitätsmerkmale sind die Kompatibilität, eine einfache Bedienung und der störungsfreie Einsatz.

VISUALISIEREN MIT TABLET-PC

All in One, so könnte man die Microsoft-Lösung Tablet-PC bezeichnen. Ein Tablet-PC (tablet steht für Schreibtafel, Notizblock) ist ein tragbarer Computer, der auch ohne Tastatur benutzt werden kann. Die Bedienung erfolgt dann per Eingabestift oder per Finger direkt auf einem berührungsempfindlichen Bildschirm. Zunächst hat der Stift lediglich die Computermaus als Bedienelement ersetzt. In weiterer Folge wurde die Möglichkeit der Texteingabe mit dem Stift zu einem der Hauptmerkmale von Tablet-PCs. Die Idee dahinter war aber, dem Benutzer mit dem Stift auf dem Bildschirm das Gefühl zu geben, er würde mit Stift und Papier arbeiten. Um den Stift mit all seinen Vorteilen als Eingabegerät nutzen zu können, müssen die Anwendungen jedoch vorbereitet sein. Hier eine kleine Auswahl an Software, die dafür vorgesehen ist:

- Microsoft OneNote ist ein Notizenmanager und bietet ein virtuelles Notizbuch, das sich wie ein echtes Notizbuch mit Trennseiten und Karteikarten organisieren lässt. OneNote integriert sich in verschiedene Office-Programme von Microsoft, wodurch Notizen z. B. in Microsoft Word leicht aus OneNote übernommen werden können.

- Windows Journal fungiert als digitaler Notitzblock und ist standardmäßig seit 2007 im Officepaket enthalten. Durch einfache Menüführung und einblendbare Stift- und Werkzeigleiste macht das Arbeiten damit viel Freude. Grafiken, Textfelder und Freihandzeichnungen lassen sich leicht als Gesamtbild verknüpfen und als Datei abspeichern.

Die wichtigsten Microsoft Anwendungen mit Tablet-PCs zusammgefasst:

- Wie oben beschrieben lassen sich auch bei einem Tablet-PC mittels PDF Annotator PDF-Dateien mit Markierungen und Anmerkungen versehen.
- Mit MindManager können handgeschriebene Mind Maps erstellt werden.
- In PowerPoint kann man während einer Präsentation den Stift als gute Alternative zum Laserpointer nutzen. Zeichnen, Schreiben und Markieren direkt in einer laufenden Bildschirmpräsentation verschafft Ihnen hohe Aufmerksamkeit.
- Weiters existieren von Microsoft mehrere kleine Softwaretools mit verschiedenen Anwendungen, die das Potenzial von Tablet-PCs steigern.

Tablet-PCs eignen sich als Ersatz für Whiteboards und Tageslichtprojektoren und zur Kombination von computergestützten Präsentationen mit spontanem Visualisieren. Vor allem werden sie bei Konferenzen und Verkaufsgesprächen eingesetzt, da sich das Display nicht mehr störend zwischen den Gesprächspartnern befindet.

WEITERE ELEKTRONISCHE MEDIEN

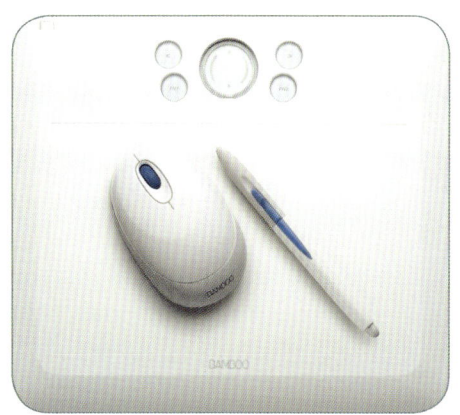

Der technische Fortschritt ermöglicht neben den bereits erwähnten Medien viele weitere Möglichkeiten für punkt.genaue Visualisierungen. Die Verwendung einer Zeichenplatte in Verbindung mit einem Computer ist eine davon. Diese Anwendung erfordert zwar ein wenig Übung, bietet aber eine kostengünstige Möglichkeit, mittels Beamerprojektion live zu visualisieren. Ihr größter Nachteil besteht darin, dass sie durch oft zeitraubende Systemaufbauten und den Bedarf an Hard- und Software kaum spontan einsetzbar ist.

Eine weitere kostengünstige Verbindung zwischen analoger und digitaler Welt stellt das Produkt Papershow dar. Damit lassen sich mit Stift und Papier Informationen visualisieren und ohne Zeitversatz per Bluetooth via Computer an einen Beamer übertragen. Das Geheimnis steckt in Papier und Stift. Auf dem speziellen Papier ist ein mikrofeiner, kaum sichtbarer Datenraster aufgedruckt und ein Stift mit Minikamera erfasst die visuelle Information.

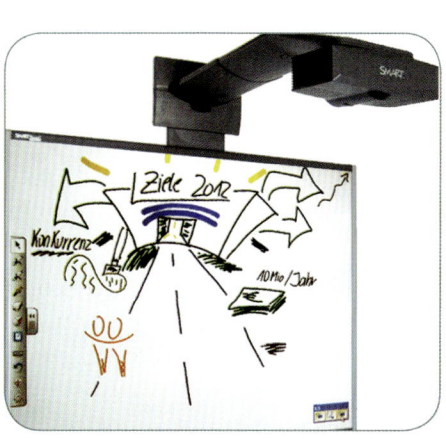

Im Lehrbetrieb haben moderne Medien, meist Smart Boards, Einzug gehalten – zumindest teilweise. Größter Hemmfaktor sind Kosten und die zusätzlich zu erlernende Methodenkompetenz. Smart Boards mit spezieller Software unterstützen die Visualisierungsvielfalt vor allem in der Wissensvermittlung. Was allerdings bei diesem Medium sehr störend wirkt, ist der eigene Schatten, der durch das Projektorlicht erzeugt wird. Ambitionierte Pädagogen verwenden das Smart Board gerne, viele verweigern aber leider den Einsatz moderner Medien in der täglichen Schulpraxis. Schade, da wäre mehr herauszuholen.

DIE WICHTIGSTEN AUSSAGEN
ZUM THEMENBLOCK VISUALISIEREN

- Visuelle Sprache ist immer ehrlicher als das gesprochene Wort.
- Je großflächiger eine Visualisierung, desto wirkungsvoller.
- Ein professionell angewendeter Medienmix bringt Abwechslung und Spannung in jede Präsentation.
- Starke Striche assoziieren Sicherheit, dünne Striche hingegen vermitteln Unsicherheit.
- Visualisieren Sie vorwiegend nur wesentliche Argumente und Aussagen.
- Bewegung schafft Aufmerksamkeit. Wer live visualisiert, erreicht hohe Aufmerksamkeit.
- Bei elektronischen Medien gilt: Querformat statt Hochformat.
- Farbe ist Information. Ein falscher Farbeinsatz bewirkt eine inkongruente Aussage.
- Um flüssig und ohne große Überlegungen live visualisieren zu können, ist Übung notwendig. Symbole, Figuren und Kombinationen müssen vorher genau überlegt und in ihrer Wirkung getestet werden.
- Dargestellte Einzelinformationen sollten zum Abschluss ein Gesamtbild ergeben.
- Oft kann festgestellt werden, dass ein Präsentator etwas für sich visualisiert und dabei kaum bemerkt, dass sich sein Publikum langweilt. Blickkontakt zum Publikum ist daher unbedingt notwendig.

ARTIKULIEREN

Eine punkt.genaue, brilliante Präsentation zu halten, beim Publikum etwas auszulösen, Spuren zu hinterlassen, das ist genau das, was Sie wollen, oder? Dazu ist neben den Schritten Reduzieren und Visualisieren der dritte bedeutsame Schritt, das Artikulieren (von lat. articulare = deutlich aussprechen) notwendig. Um alles zu erfassen, was einen guten Präsentator sprachlich ausmacht, stelle ich in diesem Kapitel die Gesamtheit jener Elemente in den Fokus, die ein Präsentator stimmlich, sprachlich und auch körpersprachlich zu beachten hat. Die Kapitelüberschrift ist zwar eng gefasst, trifft aber das Wesentliche – sprachliche Klarheit – auf den Punkt.

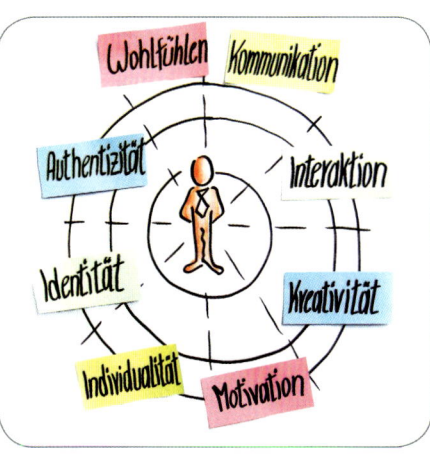

Ein guter Präsentator präsentiert sich und seine Inhalte, spricht bewegt, wirkt und bewirkt. Eines muss er aber nicht sein: hundertprozentig perfekt! Es gibt viele positive Eigenschaften eines guten Präsentators. Vor allem aber ist er …

- authentisch und steht hinter seinen Aussagen.
- mit sich selbst im Einklang.
- individuell und hat etwas, was andere nicht haben.
- empathisch, kann sich in seine Zuhörer hineinversetzen und sorgt dafür, dass sich jeder wohlfühlt.
- kein Alleinunterhalter, sondern fördert Interaktion und Dialog.
- Motivator und geht auf Bedürfnisse ein.
- kreativ und hält Präsentationen auf besondere Art.

Wie so oft ist auch hier kein Meister vom Himmel gefallen. Allerdings, und das ist die gute Nachricht, können Sie Ihre Kompetenz dort zu steigern beginnen, wo Sie später einmal richtig gut sein wollen.

Beim Thema „punkt.genau präsentieren" kommen wir unweigerlich mit der weit verbreiteten Studie des US-amerikanischen Psychologen Albert Mehrabian in Berührung. Die häufig dargestellte Version lautet, dass 7 Prozent des Inhalts, 38 Prozent des paraverbalen Bereichs (Stimme, Artikulation, Klang, Stimmmelodie) und 55 Prozent des nonverbalen Ausdrucks (Auftreten, Styling, Mimik, Gestik, Körpersprache, Blickkontakt) vom Publikum beachtet werden.

Eine Möglichkeit zur Verifizierung dieser Behauptung ist: Wenn man nach einem 3-Minuten-Vortrag die Zuhörer bittet, alle Eindrücke, an die sie sich erinnern können, aufzuzählen, werden im Durchschnitt 7 Prozent Sprachinhalte, 38 Prozent akustische Eindrücke und 55 Prozent visuelle Eindrücke genannt.

Nur sind die Ergebnisse der Studie auch wirklich so allgemein gültig zu lesen, wie sie immer dargestellt werden, oder müssen dabei einige Kriterien zur richtigen Interpretation berücksichtigt werden?

Überlegen Sie mal: Wenn gesprochenes Wort, Tonfall und Körpersprache einander widersprechen, was wird am ehesten geglaubt? Hier ist die Bedeutung der Prozentzahlen klar: Fehlende Authentizität bewirkt unmittelbar eine Ablenkung vom Inhalt. Körpersprache ist eben auch ein visueller Ausdruck: „Das Bild eines Präsentators sagt mehr als seine Worte." Was glauben Sie, wie oft halten Versuchspersonen, die von einem Schauspieler vorgebrachte Botschaft für glaubwürdig, wenn dieser durch Betonung und/oder Körpersprache das Gegenteil dieser Botschaft aussendet? Antwort: Selten bis nie!

Tatsächlich hat Mehrabian untersucht, ob bei widersprüchlichem Sprechverhalten der Inhalt, die Stimme oder die nonverbale Kommunkation mehr Gewicht für die Zuhörer hat. Das besagt nicht, dass in einer Präsentation die Aufmerksamkeit so verteilt ist! Die oben genannten Prozentzahlen sind daher nicht unabhängig voneinander zu betrachten.

Für Ihre Präsentation ist daher wichtig zu wissen:

- In Beginnsituationen, d. h. bei Ihrer Präsentationseröffnung, ist die Aufmerksamkeit der Zuhörer in erster Linie auf Ihre Stimme und Körpersprache gerichtet.
- Nicht nur der Inhalt einer Präsentation, sondern auch der gewünschte stimmliche und körpersprachliche Ausdruck des Präsentators ist in die Präsentationsvorbereitung mit einzubeziehen.
- Wenn Sie nicht hinter dem stehen, was Sie Ihrem Publikum vermitteln wollen, glaubt man Ihnen nur bedingt. Daher seien Sie authentisch!
- Das bedeutet, Inhalt und Verhalten müssen kongruent sein.
- Visualisierungen helfen enorm, um die Aufmerksamkeit auf den Inhalt und weg von Ihrer Person zu lenken.
- Wiederum: Der Mix macht es aus. Steuern Sie die Aufmerksamkeit des Publikums bewusst. Somit tritt die nonverbale Wirkung zugunsten des Präsentationsinhalts weitgehend in den Hintergrund.

STIMME

Stimme macht Stimmung. Daher ist es von wesentlichem Vorteil, wenn Ihre Stimme stimmt. Es gibt zu diesem Thema bereits viele Bücher. Ich beschränke mich hier auf die wesentlichsten und hilfreichsten Punkte. Viele Menschen sind schockiert, wenn sie ihre eigene Stimme so hören, wie sie die anderen wahrnehmen. Und Sie wissen ja, man kann nichts „falschnehmen".

SIE EMPFANGEN IHRE STIMME

IM ZWEIKANALTON, ANDERE NICHT

Das lustige Geburtstagsvideo der Nachbarn, das Geschäftsvideo auf der Homepage, der Videomitschnitt ihrer letzten Präsentation, für viele ist es eine grauenhafte Vorstellung, die eigene Stimme zu hören. Warum aber nehmen wir unsere eigene Stimme anders wahr als die anderen? Ganz einfach: Schallwellen, die beim Sprechen erzeugt werden, kommen mittels Lufttransport beim Trommelfell des Zuhörers an und versetzen es in Schwingungen. So kann das Gegenüber unsere Stimme hören. Wir selbst aber hören den von uns erzeugten Schall durch zwei Kanäle: von innen über unsere Knochenleitung und von außen über die Luftleitung.

Nur Sie können Ihre Stimme durch diese zwei Leitungen hören; Ihr Publikum kann Sie aber nur über die Luftleitung empfangen. Um Sicherheit bei Präsentationen zu bekommen, benötigen Sie Vertrauen zu Ihrer Stimme. Eine einfache Handhaltung genügt, schon können Sie Ihre Stimme im Luftkanalton empfangen. Sie leiten mit dieser Übung die Schallwellen direkt zu Ihrem Ohr um und können jetzt Ihrer Stimme im wahrsten Sinne „Gehör" schenken. Sie hören Ihre Stimme nun genau so, wie sie bei Ton- und Videoaufnahmen, auf Ihrem Anrufbeantworter oder für Ihre Zuhörer klingt. Erzählen Sie sich zu Beginn eine positive Kurzgeschichte, um mit dem Klang Ihrer Stimme vertraut zu werden.

Über die eigene Stimme Bescheid zu wissen, hilft bei Präsentationen sehr, wo ja Lampenfieber, Nervosität oder eigene negative Gefühle nicht hörbar sein sollen. Ich selbst bin stolz auf meine Stimme, was aber nicht immer so war. Meine Volksschullehrerin sagte immer zu mir: „Alfons, wir haben nur drei Stimmen, du singst die Vierte, deshalb hast du Pause!" Es war mir unmöglich, mit meiner Stimme nicht aufzufallen. Sie klingt tief, sonor und durchdringend. Mit großem Volumen verstärkt wirkt sie auch autoritär. Heute weiß ich, dass meine Stimme zu meinen größten Stärken gehört. Kompetent, sicher, Vertrauen erweckend sind die häufigsten Eigenschaften, die meiner Stimme von Zuhörern zugeordnet werden.

Auf meine Stimme ist Verlass, was mir sehr hilft. Warum ist das so? Intuitiv habe ich immer das Richtige gemacht. Das wurde mir erst bewusst, als ich erste Stimmtrainings besuchte. Richtige Atmung, aufrechte Körperhaltung, Betonung: Durch den bewussten Umgang mit Faktoren, die für eine klingende Stimme so wichtig sind, kann ich heute noch besser damit umgehen. Wenn Sie beginnen, mit ihrem Instrument zu arbeiten, dürfen Sie nichts erzwingen. Gehen Sie mit großer Achtsamkeit vor. Denn wer sich selbst Druck macht, gibt den Druck nach außen weiter.

punkt.genau präsentieren

Im Folgenden wenige, aber wichtige Tipps für den Umgang mit Stimme, um sich selbst wieder ein Stück näher zu kommen.

Mens sana in corpore sano.

ATMUNG

Die richtige Atmung ist Grundlage für gutes Sprechen. Unsere Stimme entfaltet nur dann ihren Klang, wenn wir tief in den Bauch atmen. Atmung ist Energie, die durch unseren Körper fließt. Solange wir atmen, sind wir lebendig. Die für das Sprechen richtige Atmung ist die Bauch- oder Zwerchfellatmung. Durch das Atmen beeinflussen wir auch unsere Stimmung. Viele Präsentatoren holen noch einmal tief Luft, bevor sie zu sprechen beginnen. Dabei atmen sie vor allem in den Brustbereich. Die Folge: Sie werden schnell kurzatmig und es geht ihnen bald die Luft aus. Dadurch wird die Stimme leiser, manchmal auch noch piepsig. Atmen Sie daher aus, bevor Sie zu sprechen beginnen!

Hier eine gute Übung, die diesen Umstand verdeutlicht: Atmen Sie vollständig aus und beginnen Sie laut zu zählen, ohne zwischendurch einzuatmen. 1, 2, 3, 4, 5, 6, ... 38, 39, 40. Wie weit können Sie zählen, ohne einzuatmen? Manche meiner Seminarteilnehmer zählen bis 50! Auf die Frage: „Haben Sie zwischendurch geatmet?" kommt als Antwort ein ehrliches „Nein". Ich glaube viel, aber nicht alles. Ihr Körper vergisst nie zu atmen, auch wenn Sie es nicht bewusst wahrnehmen.

Es atmet mich!

Autonom, ohne es zu merken, atmen Sie während dieser Übung immer wieder kleine Lufthäppchen ein. Es geht Ihnen also bei Bauchatmung nie die Luft aus – darauf können Sie sich verlassen! Das Zwerchfell, eine kuppelartige Muskel-Sehnen-Platte, trennt den Brustraum von der Bauchhöhle. Beim Einatmen geht das Zwerchfell nach unten, die Bauchdecke hebt sich, die Organe werden nach außen gedrängt. Beim Ausatmen wandert das Zwerchfell nach oben, die Bauchdecke senkt sich und die Organe rücken an ihre ursprüngliche Position. Sprechatmung basiert immer auf der Ausatmung. Sind Sie vor Ihrem Auftritt nervös, verkrampft sich das Zwerchfell, Sie nehmen den Weg des geringsten Widerstandes und atmen in den Brustbereich? Die Folge: noch nervöser, Kurzatmigkeit, kein Stimmvolumen ...

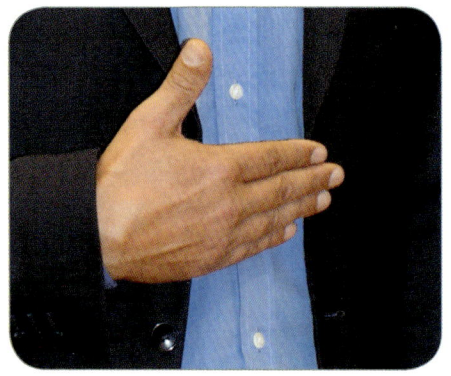

Zwei einfache Übungen zur Vorbereitung auf Ihren Auftritt (kann auch unmittelbar davor durchgeführt werden), und Ihre Stimme wird stimmiger: Bauchatmung lässt sich leicht bewusst machen. Legen Sie die Hand auf Ihre Bauchdecke und atmen Sie gezielt in diesen Bereich, sodass sich die Bauchdecke hebt und senkt – ruhig und gleichmäßig. Dabei bemerken Sie, dass Sie ruhiger geworden sind. Diese Ruhe benötigen Sie für Ihre erfolgreiche Präsentation.

Gähnen aktiviert das Zwerchfell. Beim Gähnen vergrößert sich der Mund- und Rachenraum, Hals und Gürtelbereich werden erweitert. Das ist genau jene Bauchstellung, die wir brauchen, damit die Atmung fließt und uns beim Sprechen unterstützt.

AUFRECHTE HALTUNG

Ihre Stimme entfaltet ihren Klang nur dann, wenn Sie eine aufrechte Haltung einnehmen. Nicht stocksteif und statisch, sondern dynamisch – das kennzeichnet eine aufrechte Haltung. Stellen Sie sich einfach vor, jemand zieht Sie am Haarschopf nach oben.

Achten Sie dabei auf …

- … eine gleichmäßige Gewichtsverteilung, spürbar in den Fußsohlen.
- … leicht gebeugte Knie. Mit durchgestreckten Knien ist keine Bauchatmung möglich.
- … eine gerade Beckenstellung.
- … lockere und nicht hochgezogene Schultern.
- … eine gerade Kopfhaltung, als würden Sie eine imaginäre Krone tragen.

punkt.genau präsentieren

BODENKONTAKT

Den Boden unter den Füßen nicht verlieren: eine Lebensweisheit und bei Präsentationen sehr wichtig. Besitzen Sie Bodenhaftung, fällt es Ihnen leichter, in den Bauch zu atmen, Ihr Brustkorb entspannt sich, Ihre Stimme wird voller. Bodenkontakt mit beiden Füßen fördert die Zwerchfellatmung und bewirkt innere Sicherheit. Ein chinesisches Sprichwort gibt Anlass, darüber nachzudenken:

> „Der Weise atmet mit den Fersen, der Unwissende mit dem Hals."

INDIFFERENZLAGE

Jeder Mensch hat seine individuelle Stimmlage, die sogenannte Indifferenzlage. Zwei Drittel aller Präsentatoren sprechen über Ihre Indifferenzlage und benötigen dazu Kraft. Das schadet der Stimme. Bewegen wir uns hingegen in der Indifferenzlage, können wir mühelos stundenlang sprechen, ohne heiser zu werden oder noch schlimmer, die Stimme zu verlieren. Doch wie finden Sie Ihre individuelle Stimmlage?

Stellen Sie sich vor, an einer Rose zu riechen. Vorausgesetzt Sie mögen den Duft der Rose, atmen Sie langsam durch die Nase ein und sagen Sie dann ganz enspannt „mhm". Wiederholen Sie den Vorgang zwei bis drei Mal. Wenn Sie jetzt laut zu sprechen beginnen, hören Sie ihre Indifferenzlage. Sie merken es auch daran, dass Ihre Stimme nun tief aus Ihrer Körpermitte kommt und Sie sich beim Sprechen ganz einfach wohlfühlen.

Dabei wirken Sie authentisch und souverän. Vielfach wird mit einem bewussten Räuspern auf die Indifferenzlage zurückgeführt. Ein Trick, der sich während einer Präsentation gut und fast unbemerkt einsetzen lässt, die Stimmbänder jedoch kurzzeitig stark belastet. Wenn Sie in der Indifferenzlage sprechen, nehmen Zuhörer Ihre Stimme als angenhem wahr und hören Ihnen gerne zu!

BETONUNG

In allen Formen der Kommunikation dient die Betonung dazu, auf wichtige Details hinzuweisen und Aufmerksamkeit zu gewinnen. Bei sprachlicher Kommunikation stellen sich viele Präsentatoren die Frage: „Wie soll ich all das betonen?" Die beste Antwort auf diese Frage gab Bertolt Brecht. Er sagte: „Betonen Sie **alles**!"
Sein Beispiel: „Bringen Sie mir bitte eine Tasse Kaffee!"

„**Bringen** Sie …" – warten Sie nicht lange, gehen Sie sofort, bringen sie ihn mir!
„Bringen **Sie** …" – bringen Sie ihn selbst.
„Bringen Sie **mir**…" – bringen Sie ihn nicht jemand anderem, sondern ausschließlich mir!
„Bringen Sie mir **bitte** …" – ich bin ja höflich und bitte Sie darum.
„Bringen Sie mir bitte **eine** …" – nur eine, nicht zwei, weil ich die nicht vertrage.
„Bringen Sie mir bitte eine **Tasse** …" – keinen Plastikbecher, sondern eine Tasse!
„Bringen Sie mir bitte eine Tasse **Kaffee** …" – nicht Tee, sondern Kaffee!
Also: „Bringen Sie mir bitte eine Tasse Kaffee!"

Wenn es gelingt, wirklich jedes Wort zu betonen, wird Sprache eindringlich, geradezu suggestiv. Alles betonen heißt ja nicht, alles zu schreien oder laut zu sagen, man kann auch leise jedes Wort betonen.

Die Kunst der richtigen Betonung ist die Entschiedenheit, Inhalte zu vermitteln, die man selbst versteht. So kann man punkt.genau präsentieren!

Wenn ein Wort besonders betont wird, wird es nicht besonders hervorgehoben. Vielmehr werden sämtliche anderen Wörter des Satzes unterbetont, was eine besondere Wirkung hat.

DEUTLICHKEIT

Fehlende Deutlichkeit in der Sprache kann durch höhere Lautstärke nicht kompensiert werden. Man versteht Sie trotzdem nicht. Die Fähigkeit, ein gesprochenes Wort so zu äußern, dass jeder sprachkundige Zuhörer es verstehen kann, bezeichnet man als Artikulation. Von ihr hängen Verständlichkeit und Klarheit der Aussprache entscheidend ab.

Manchmal bedarf es der Klarheit der Worte!

punkt.genau präsentieren

Wer deutlich artikuliert, erleichtert seinem Publikum das Zuhören. Zur richtigen und günstigen Artikulation bedarf es des sachgemäßen Gebrauchs der Artikulationsorgane Gaumen, Lippen, Zähne, Zunge und Zäpfchen. Artikulationsübungen aktivieren diese Organe auf einfache Art:

- Gesichtsmuskeln aktivieren
  Bewegen Sie Ihr Gesicht. Rümpfen Sie die Nase, legen Sie die Stirn in Falten, ziehen Sie die Augenbrauen hoch – so aktivieren Sie Ihr Gesicht.

- Zähne putzen
  Indem Sie bei geschlossenem Mund mit Ihrer Zunge die Zähne putzen, erreichen Sie eine Zungenlockerung und aktivieren auch den Speichelfluss. Somit ist ein trockener Hals unmöglich und alles weitere läuft von Beginn an wie „geschmiert".

- Pferdeschnauben
  Lassen Sie Ihre Lippen locker und ungespannt aufeinander liegen. Stoßen Sie einige Male locker einen Luftstrom durch den Mund aus, der Ihre Lippen in ein leichtes Flattern – brrrrrrrrrrrr – versetzt.

- Kiefermuskeln lockern
  Deutliches Artikulieren gelingt nur mit lockeren Kiefermuskeln. Streichen Sie dazu mit den Fingern die Kiefermuskulatur von oben nach unten aus.

- Lautlos sprechen
  Sprechen Sie mit Ihrem Spiegelbild und übertreiben Sie beim Formen der Wörter. Geben Sie dabei keinen Laut von sich.

- Korken
  Nehmen Sie einen Flaschenkorken (es geht auch der eigene Daumen) zwischen die vorderen Schneidezähne, sodass Sie Ihre Zunge ungehindert im Mundraum bewegen können. Versuchen Sie dabei möglichst deutlich zu sprechen. Diese Übung ist eine Wunderwaffe der modernen Logopädie und Sprachheilkunde bei Nuschlern und Personen mit unverständlicher Artikulation.

Wenn Sie diese – bewusst auf die wichtigsten Regeln reduzierte – Auswahl von Übungen regelmäßig anwenden, werden Sie Ihre Artikulationsfähigkeit in kurzer Zeit deutlich verbessern.

WORTSCHATZ

Die Deutsche Sprache stellt sich mit rund 400 000 Wörtern im Vergleich zu anderen Sprachen bescheiden dar, zumal auch häufig verwendete englische Fachbegriffe mitgezählt sind. Der neue Duden enthält sogar nur knapp 125 000 Wörter. Selbst gebildete Menschen verstehen davon nur die Hälfte. Man spricht in diesem Zusammenhang vom passiven Wortschatz, der etwa 60 000 Wörter umfasst. Der aktive Wortschatz hingegen ist die Zahl jener Wörter, die jeder Mensch selbst mindestens einmal pro Jahr benutzt. Und das sind gerade mal 3 000 bis 5 000. Die österreichische Kronen Zeitung wie die deutsche Bild-Zeitung kommen sogar mit 1 500 Wörtern aus. Das ist auch jener aktive Wortschatz, über den ein großer Teil der Bevölkerung verfügt. Es erscheint daher logisch, dass gedankliche Verbindungen nur dort geweckt werden können, wo Silben oder Endungen bereits mit persönlichen Erinnerungen verknüpft sind. Daher ist es wichtig, den verwendeten Wortschatz bei Präsentationen auf die zu erwartende Zielgruppe abzustimmen.

SPRACHE

Wenn Präsentatoren es schaffen, andere Menschen mit Sprache zu begeistern, laufen immer die gleichen Prozesse ab. Diese Präsentatoren gehen nicht nach fixen Regeln vor. Doch hört man genau hin, kann man doch klare Gesetzmäßigkeiten erkennen und so professionelles Reden für nicht „Naturbegabte" erlernbar machen. Jeder kann seine Fähigkeit, Menschen mit Sprache zu begeistern, erweitern.

WIRKSPRACHE

Neben den üblichen sprachlichen Stilformen bedient sich ein erfolgreicher Präsentator vor allem einer bildhaften und zuhörerorientierten Sprache. Federführendes Beispiel dafür war Steve Jobs. Er sprach Klartext und das liebte sein Publikum mehr als fachlich korrekte, aber langweilige Begriffe. Steve Jobs sprach einmal davon, dass das iPhone erstaunlich „flott" sei. Das sagt nicht wirklich viel aus, kam bei den Zuhörern aber an, weil es nahe am normalen Sprachgebrauch ist. Wörter wie „Spitzenprodukt" oder „Synergie" aus dem Satzbaukoffer von Marketingexperten hat Jobs dagegen fast nie verwendet. Seine Sprache war einfach, klar und direkt – und das ist einfach immer richtig.

Wirksame Sprache ist einfach, klar und direkt!

„Der Beamer fällt aus. Das iPad streikt. Was nun? Ganz einfach! Für meine heutige Präsentation brauche ich keine Technik. Ich verwende mein Flipchart. Damit kann ich mein Publikum noch mehr begeistern. Alle freuen sich. Ich mich auch."

Wenn Sie so auf der Bühne sprechen, bleibt dem Publikum keine Wahl, es muss diese Bilder einfach gedanklich sehen. Sie sehen einen Beamer ohne Licht, den finstern Bildschirm eines iPads, ein Flipchart … das Publikum sieht tatsächlich einen Film auf einer geistigen Leinwand! Und es kann gar nicht anders, es muss dem Präsentator zuhören. Das ist Wirksprache. Damit sie sich voll entfaltet, gilt es ein paar Details zu beachten und andere zu vermeiden.

- Sprechen in der Gegenwart
  Bei der Wirksprache reden Sie in der Gegenwart – keine Vergangenheit, kein Futur, kein Konditional.

Nicht:	sondern:
„Ich stand vor einer hohen Wand."	„Ich stehe vor einer hohen Wand."
„Ich möchte Sie begrüßen."	„Ich begrüße Sie."
„Das werde ich Ihnen erklären."	„Ich erkläre es Ihnen."

  Was aber, wenn in der Vergangenheit wirklich etwas passiert ist? Stellen Sie der Aussage einfach einen Halbsatz voran, der die Zeit angibt: Heute morgen, vor einem Jahr, 20. März 2000, … und dann sprechen Sie in der Gegenwart weiter. Auf diese Weise fühlt sich das Publikum im Hier und Jetzt. Das erhöht die Aufmerksamkeit.

- Keine Beckenrandschwimmer-Formulierungen
  Vielleicht, ich möchte, wir sollten, ein bisschen, eigentlich … Das sind alles Weichmacher, die Ihre Aussage entwerten. Es geht um Klarheit! Jeder soll wissen, wovon Sie sprechen.

Nicht:	sondern:
„Die Anlage hat ein bisschen Probleme."	„Die Anlage hat Probleme."
„Wir sind eigentlich ein erfolgreiches Unternehmen."	„Wir sind ein erfolgreiches Unternehmen."
„Ich möchte Ihnen das Thema näherbringen."	„Ich bringe Ihnen das Thema näher."

- Statt Beistrich, Punkt und Doppelpunkt
  Die Wirksprache kennt keine Nebensätze. Stattdessen sprechen Sie in kurzen Sätzen mit Punkten und Doppelpunkten. Beispiel: „Das heutige Thema unserer Besprechung, welches für Sie, so hoffe ich, von Interesse sein wird, betrifft die künftige Verwendung von SAP in unserem Unternehmen". In der Wirksprache klingt das so: „Das Besprechungsthema heute: SAP wird künftig in unserem Unternehmen verwendet. Das Thema

ist wichtig für Sie. Denn Sie arbeiten künftig damit." Auch statt Dass-Sätzen machen Sie einen Doppelpunkt: „Wenn wir in Werbung investieren, bedeutet das: Wir bekommen mehr Aufträge."

- Wörtlich zitieren

  In der Wirksprache sprechen Sie, wenn möglich immer, in direkter Rede: Sie zitieren, was gesprochen worden ist. Sie gehen weg von allgemeinen Aussagen. Am besten stellen Sie sich vor, ein Filmregisseur zu sein. Der Regisseur hat ein Drehbuch für Schauspieler und Kameraleute. So muss auch die Sprache sein. In einem guten Drehbuch steht nicht: „Der Mitarbeiter hat seine Zustimmung gegeben." Das kann im Film nicht ausgedrückt werden. Das Gesagte muss in gesprochenem Text formuliert werden. Da steht: Der Mitarbeiter betritt das Chefzimmer. Der Chef steht auf, reicht dem Mitarbeiter die Hand und sagt: „Ja, so machen wir das." Genau so formulieren Sie in der Wirksprache. Wenn Sie etwas erzählen, zitieren Sie in Ausschnitten, was gesprochen wurde.

- Die Wirksprache kennt kein „und".

  Das „und" als Satzverbindung macht keinerlei Sinn. Es wirkt nur verlegen und unprofessionell. Sprechen Sie den gleichen Text ohne „und". Sie werden sehen, die Wirkung ist eine völlig andere. „Und" kann fast immer durch einen Punkt ersetzt werden.
  Nicht: „Der neue Dienstplan stellt eine Herausforderung dar und wir werden versuchen, sie zu lösen", sondern: „Der neue Dienstplan stellt eine Herausforderung dar. Wir lösen sie."

- Keine Worthülsen

  Die meisten Entscheidungen werden unbewusst getroffen. Auch so rationale Entscheidungen wie ein Autokauf; im Unterbewusstsein, im Bauch haben Sie die Entscheidung gefällt, mit dem Verstand wird sie nachträglich begründet. So laufen fast alle unsere Entscheidungsprozesse ab. Das sollte man wissen, wenn man erfolgreich präsentieren will.
  Wie erreicht man aber mit seiner Sprache direkt das Unterbewusstsein? Es kann zwei Dinge besonders gut verarbeiten: Gefühle und Bilder. Eines von beiden müssen Sie ansprechen! Wenn sie sagen: „Wir verwenden innovative Präsentationsmethoden", ist das eine Worthülse. So reden zwar die meisten Menschen, es hat aber keine Wirkung. Wenn Sie kein Bild transportieren oder kein Gefühl auslösen, fehlt die Wirkung. Ihr Gegenüber muss Ihre Worte zuerst in etwas Bildhaftes übersetzen und damit wird Zuhören anstrengend. Nun, wie kann man jetzt innovativ, kundenorientiert oder extravagant in die Wirksprache übersetzen? Sie erzählen Geschichten, die bei Ihren Zuhörern Bilder vermitteln. Erzählen Sie etwas Persönliches von sich oder von Menschen, nur dann lösen Sie ein Gefühl aus. Wenn Sie bei Ihrem Publikum Interesse, Aufmerksamkeit und Begeisterung wecken wollen, brauchen Sie genau das.

punkt.genau präsentieren

- **Bewusst einsetzen**
  Natürlich kann und darf nicht Ihre gesamte Präsentation in der Wirksprache ablaufen. Es ist nur ein kleiner Teil innerhalb Ihrer Präsentation. Eine wirkungsvolle Sequenz, das geht auch bei trockensten Themen.

  - Sätze in der Wirksprache beinhalten im Durchschnitt weniger als 15 Worte.
  - Im Hier und Jetzt. Es wird in der Gegenwart formuliert.
  - Die Wirksprache kennt keine Nebensätze.
  - Hauptwörter ersetzt durch Verben steigert die Wirkung.
  - Vermeiden Sie Weichmacher wie: ein bisschen, eigentlich, ich möchte.
  - Ersetzen Sie Fachausdrücke durch bildhafte Wörter.
  - Gefühle und Bilder – so sprechen Sie das Unterbewusste an.
  - Sie sind der Regisseur ihrer Präsentation.

Steve Jobs verkaufte in seinen Präsentationen nicht das Produkt, sondern die Vorteile, die ein Produkt mit sich bringt. Warum sollte ich ein neues iPhone kaufen? Weil es doppelt so schnell wie der Vorgänger ist!

Klar, prägnant und in der Wirksprache formuliert.

KÖRPERSPRACHE

Körpersprache passiert, wenn unser Körper mit der Umwelt kommuniziert, also jemand die Signale unseres Körpers wahrnimmt und darauf reagiert. Die Beziehung zwischen Körpersprache und verbaler Sprache ist untrennbar. Jeder Gedanke, jedes Wort wird auf mich und andere wirken, und zwar körperlich. Jeder meiner Gedanken muss in meinem Körper übersetzt werden. Negative Gedanken führen zu einem verzogenen Mund, verlockende Gedanken zum Erröten und aggressive Absichten zu einer kämpferischen Körperhaltung mit geballten Fäusten.

Der Körper lügt nie und reagiert immer vor dem gesprochenen Wort!

Wenn es einen Widerspruch zwischen verbaler Sprache und Körpersprache gibt – sieht man das? Ja, die Körpersprache hat immer recht. Sie folgt den eigenen Gedanken, dem inneren Geschehen. Es ist die Sprache der logischen Ordnung, die es manchmal verbietet, dem inneren Impuls zu folgen. Bei auftretenden Widersprüchen kommt es dann zum inkongruenten körpersprachlichen Ausdruck. Wenn jemand ein Versprechen gibt, sein Körper aber im wörtlichen Sinn keine Zuneigung zeigt, werde ich an seinen Worten zweifeln. Sobald Sie Ihre Präsentationsbühne betreten, wirken Sie auf Ihre Zuhörer. Echt oder unecht, manche wie eine Schlaftablette. Die Feststellung, ob Sie wirken, ist ganz einfach: Wenn Sie auf jemanden wirken, muss sich beim Gegenüber etwas verändern. Das kann eine Bewegung oder ein Gesichtsausdruck sein. Auf jeden Fall muss eine erkennbare Veränderung beim Gegenüber erscheinen, ist diese auch noch so minimal. Erfolgt keine Reaktion, können Sie nur mehr eines machen: intensivieren. Dabei greifen manche Präsentatoren zu unpassenden Maßnahmen. Sie schreien, gestikulieren wild, klopfen aufs Flipchart, machen sich wichtig oder bedrohen mit einem wild gewordenen Laserpointer das Augenlicht mancher Zuhörer.

Die Frage: „Wie wirke ich?" wird oft verwendet. Besser ist: „Was bewirke ich?"

Sie wirken nur dann, wenn Sie Veränderungen bewirken!

punkt.genau präsentieren

Mimik, Gestik, Blickkontakt – Körpersprache kennt viele Details. Die Art zu gehen, zu stehen, der Gesichtsausdruck, die Gestik, alles zusammen zählt. Die Gesamtheit zu betrachten schützt davor, einzelne körpersprachliche Signale falsch zu interpretieren. Isoliert man einzelne Gesten von den anderen oder ihren Begleitumständen, kommt es zu Fehlinterpretationen. Verschränkte Hände alleine sind kein Indikator für Ablehnung, aber ein Zeichen für Abwarten. Mit verschränkten Händen kann man nicht handeln. Viele Menschen finden es einfach nur bequem, die Hände zu verschränken und zuzuhören. In Verbindung mit weiteren Signalen, beispielsweise einer gerunzelten Stirn und zusammengekniffenen Lippen ist mit einer Zustimmung zum Gesagten jedoch nicht zu rechnen. Verschränkte Hände gepaart mit einem freundlichen Lächeln und aufmerksamem Blick signalisieren hingegen die Bereitschaft, weiter zuzuhören. Offenheit und Verschlossenheit, diese Gegensätze haben zumeist klare Signale.

Ein gutes Merkmal für Offenheit sind nach oben gewendete Handflächen, denn ganz selten breiten oder heben wir unsere Hände, wenn die Handflächen nach unten zeigen.

Werden die Hände zusätzlich vom Körper weggeführt, also weg von der Nierengegend, einem sehr verletzlichen Körperteil, signalisiert das Offenheit. Ich zeige mich ungeschützt, habe keine Angst und kann mich mit voller Breite entfalten. Präsentatoren schaffen es oft nicht, die Hände von der Nierengegend zu lösen – ein Schutz vor Angriffen. Denn negative Gefühle werden zumeist durch reduzierte Bewegungsfähigkeit signalisiert. Der Bauch ist eingezogen, der Rücken wirkt als Schutzschild und ähnelt dem Panzer einer Schildkröte, die Hände sind verkrampft, die Brust zieht sich zurück und die Arme schützen die Körpermitte. Ob offen oder verschlossen, wir wirken immer! Samy Molcho, für mich der Meister der Körpersprache, bringt es auf den Punkt:

> „Wir verändern etwas, weil wir wirken. Wir spüren Wirkung, weil sich etwas verändert."

Es gehört zu den Grundlagen unseres Daseins, dass wir davon abhängig sind, von anderen wahrgenommen zu werden.

DER ERSTE EINDRUCK ZÄHLT

Leider ist er fast immer falsch. Glaubt man den Ergebnissen vieler Gehirnforscher, erfolgt in 150 Millisekunden der erste Eindruck, das Schubladisieren und der Einschätzungsprozess.

Vermittelt Ihre Körpersprache Natürlichkeit, Offenheit und Selbstbewusstsein, werden Sie bei Ihrem Publikum Anklang finden.

Wirkt Ihr Lächeln hingegen gekünstelt, unecht, ist Ihre Körperhaltung gebückt und verschlossen, werden Sie es schwer haben, Ihr Publikum zu überzeugen.

Freund oder Feind, Handschlag oder Keule? Menschen „(ver)urteilen" in 150 Millisekunden.

punkt.genau präsentieren

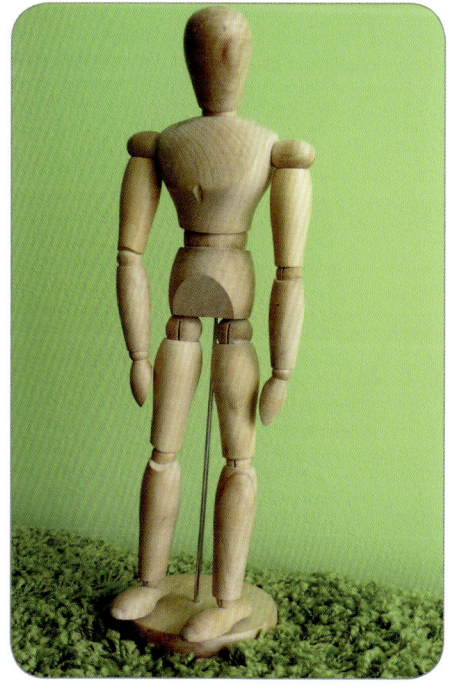

Betrachten Sie die unterschiedlichen Wirkungen der auf den Seiten 166 und 167 abgebildeten Holzpuppe. Stelle ich meinen Seminarteilnehmern die Frage: „Was sehen Sie?" kommen folgende Antworten: „Ich sehe einen Polizisten, ein Stopp, jemand, der Hilfe anbietet, einen Läufer, Bewegung, Dynamik …"

Die richtige Antwort hingegen lautet: „Das ist eine Holzpuppe!" Kein Polizist, kein Arzt, kein Marathonläufer. Sie läuft nicht und bewegt sich nicht. Warum ist es aber wichtig, dass Menschen sofort eine Beurteilung abgeben? Diese Fähigkeit ist mitunter lebensnotwendig. Beispielsweise müssen Gefahren sehr schnell erfasst und beurteilt werden, damit man richtig reagieren kann.

Was in den Gehirnen der Menschen abläuft, lässt sich einfach mit drei Schritten erklären:

- Wahrnehmen
  Wir nehmen eine Person wahr. Wir können Sie ja nicht „falschnehmen". Mit unseren Sinnesorganen sehen, hören, riechen wir. „Ich sehe wohl nicht richtig, habe ich jetzt richtig gehört, ich kann Sie nicht riechen …" – all das sind Indikatoren für bestimmte Wahrnehmungskanäle.

- Interpretieren
  Jeder Mensch interpretiert aufgrund seiner bisher gemachten Erfahrungen, seiner Normen und Werte die Wirkung anderer auf ihn. Erfahrungen sind nicht verlernbar. Somit wird uns auch klar, warum körpersprachliche Signale unterschiedlich interpretiert werden.

- Bewerten
  Wahrgenommene Informationen und die darauffolgende Interpretation führen zu Bewertung bzw. Beurteilung. Manche Menschen beurteilen, andere verurteilen, wiederum andere vorverurteilen.

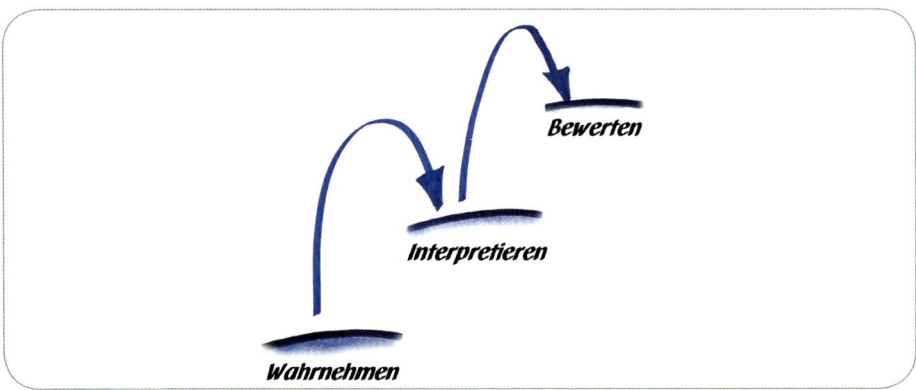

Unter Zuhilfenahme des nebenstehenden Eisbergmodells lässt sich eine Beurteilung differenzierter betrachten.

Sache:
Ich sehe einen Eisberg.

Bedeutung:
Das bedeutet Gefahr, weil es mich an den Untergang der Titanic erinnert.

Gefühle:
Das löst bei mir ein Gefühl der Angst aus.

Mithilfe der Differenzierung in die drei Ebenen Sache – Bedeutung – Gefühle lassen sich körpersprachliche Signale besser in ihrer Wirkung beschreiben. Somit wird auch verständlicher, was diese Signale beim Zuhörer bewirken können.

> *Wahrnehmungen rufen Bedeutungen aufgrund gemachter Erfahrungen hervor, und diese lösen Gefühle aus.*

WIE BETRETE ICH MEINE BÜHNE?

Manche Vortragende glauben, die Präsentation beginnt mit dem ersten Wort. Nein, sie beginnt viel früher. Bereits der Auftritt auf die Bühne, das Betreten des Raumes ist der erste Teil Ihrer Präsentation und spielt für den weiteren Verlauf eine wichtige Rolle.

- Den Raum, die Bühne betreten
  Stolpern Sie nicht in den Vortragsraum, betreten Sie ihn. Manchmal gehe ich noch einen Schritt weiter: Ich betrete den Raum nicht, ich erscheine. So zumindest das Feedback meiner Zuhörer. Wichtig ist: Lassen Sie sich Zeit dabei, laufen Sie nicht, sondern schreiten Sie. Gerade Kopfhaltung und der Blick nach vorne gerichtet symbolisieren Zielstrebigkeit. Der Oberkörper ist aufrecht, der Brustkorb offen, die Schultern sind gestrafft.

Die ersten Sekunden Ihres Auftritts können Sie völlig entspannt und stressfrei üben. So lange, bis Sie die bevorstehende Situation und die dazugehörenden Bewegungen so sehr verinnerlicht haben, dass Sie nicht mehr darüber nachdenken müssen.

Übung: Punkt A zu Punkt B
Beim Betreten eines Raumes tun Sie nichts anderes, als sich vom Punkt A zum Punkt B zu bewegen. Bevor Sie am Punkt B ankommen, sollte Ihr Blick bereits dort sein. Haben Sie das Ziel vor Augen, bewegen Sie sich entschlossen darauf zu.

Übung: Up-Stair
Menschen, die über Stufen nach oben gehen, blicken aus Angst zu stolpern häufig nach unten. Betreten Sie Ihre Bühne anders: Zuerst kurzer Blick auf die Stufen, dann sofort Blick nach vorne, gepaart mit einer geraden Kopfhaltung. Sie wirken dadurch offen, souverän und selbstsicher.

Am Ort des Geschehens angekommen, nehmen Sie Ihren Standpunkt ein. Suchen Sie den Blickkontakt zum Publikum und denken Sie noch kurz an ALF. Ja genau, der aus dem Fernsehen.
ALF steht für Alien Life Form. Bei uns aber steht ALF für

Ausatmen – Lächeln – Füße spüren.
Haben Sie die Aufmerksamkeit des Publikums, dann – und erst dann – beginnen Sie zu sprechen.

STANDPUNKT

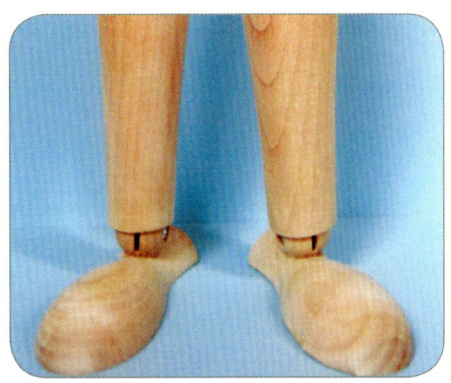

Standpunkt bedeutet, man tritt auf einen Punkt. Darin kommt das Bewusstsein zum Ausdruck, nicht weglaufen zu müssen. Wer seinen Standpunkt optimal vertreten will, steht fest am Boden, hat Bodenkontakt.

Die Füße beckenbreit und das Gewicht gleichmäßig auf beide Beine verlagert. So sind Sie standfest und gleichzeitig flexibel genug, um auf das, was rund um Sie passiert, reagieren zu können.

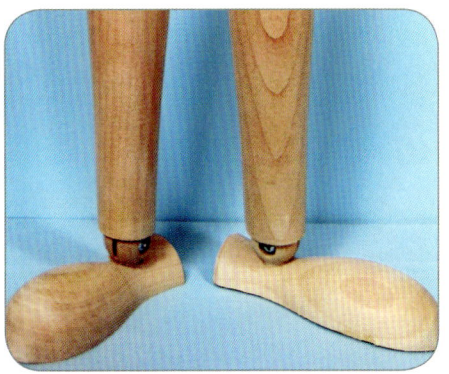

Eine geschlossene Fußstellung hingegen verhindert Beweglichkeit, eine zu breite Fußstellung signalisiert Verteidigung und erschwert den Wechsel eines Standpunktes.

Verlagern Sie das Gewicht nicht auf ein Standbein. Wer sich körpersprachlich zurücknimmt, nimmt sich auch vom gesprochenen Wort zurück. Verbunden mit einer nach außen geknickten Hüfte wirken Sie vielleicht lieb und nett, keinesfalls aber sicher und kompetent.

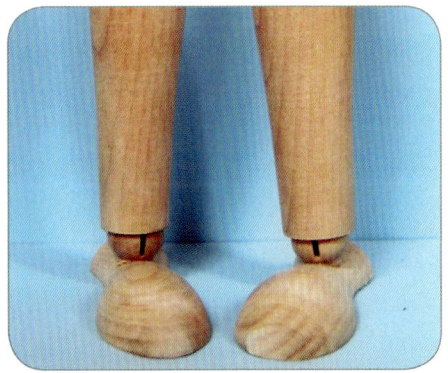

Zeigen die Fußspitzen eines Präsentators stark nach außen (Pinguinstellung), ist er stets an Nebeninformationen interessiert. Durch das ständige Sammeln und Zeigen von Zusatzinformationen wird das Ziel meist mit Umwegen erreicht.

Zeigen die Fußspitzen nach innen, wirken diese wie eine Bremse. Zum Fortschritt fehlt dann oft noch der Wille.

Stehen Sie aufrecht. Schulter ein wenig nach hinten gezogen, Brustkorb raus, Kopf hoch.

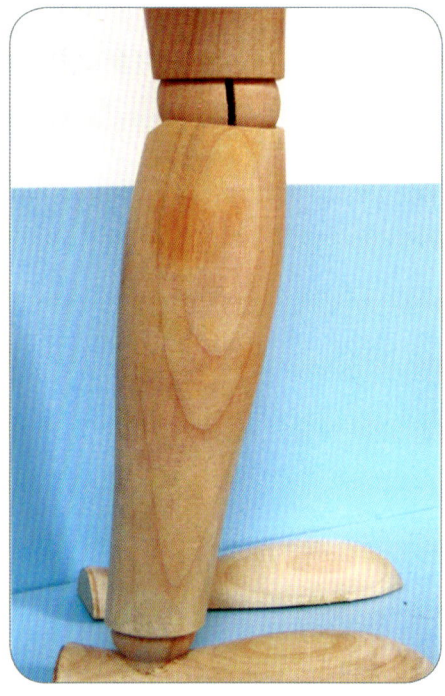 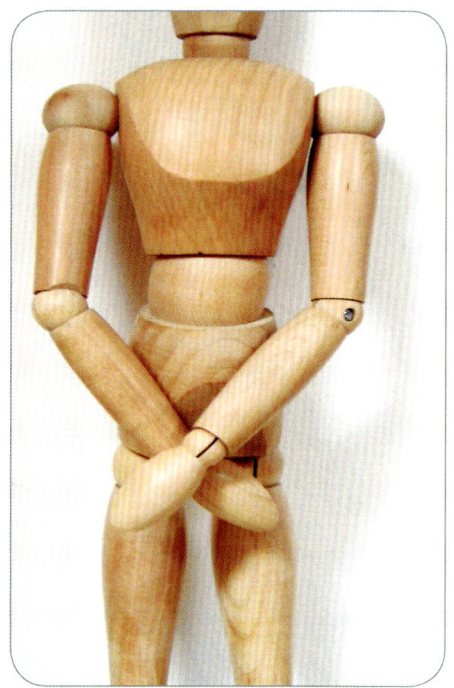

Die Knie leicht durchgebeugt, aber nie durchgestreckt, das ermöglicht ein Atmen in den Bauch. Mit durchgestreckten Knien blockieren Sie Ihren Körper, können den Standpunkt und damit auch Ihre Gedanken nicht verändern.

Um einen beweglichen und offenen Blick zu bekommen, halten Sie den Nacken gerade und locker. Nur wenn Ihr Nacken beweglich ist, ist es auch Ihr Blick.

Wohin mit den Armen? Nicht verstecken, sondern zeigen. Wenn die Arme mal nichts zu tun haben, lassen Sie sie locker seitlich am Körper herunterhängen. Sie können Ihre Hände auch in Höhe der Gürtellinie locker ineinander legen.

Damit ist nicht die männliche Freistoßhaltung gemeint!

Wenn Sie etwas zu sagen haben, dann unterstützen und unterstreichen Sie das Gesagte mit der passenden Geste. Verwenden Sie Gesten immer oberhalb der Gürtellinie, denn alles unter der Gürtellinie ist unter der Gürtellinie.

punkt.genau präsentieren

MIMIK

Das Gesicht spricht Bände. Lachen, Weinen, Trauer, Ekel, Schmerz, Staunen, Freude etc. – 43 Gesichtsmuskeln zeigen Ihrer Umwelt, was Sie fühlen und wie Sie sich fühlen. Ein Lächeln ist der Schlüssel zu vielen Schlössern. Ein Lächeln kann Großes bewirken. Lächeln Sie aber nur, wenn Ihnen danach ist. Ihr Lächeln muss von innen, vom Herzen kommen. Notorische Dauergrinser wirken unecht und die Mimik steht oft im Widerspruch zum gesprochenen Inhalt. Fragen wie: „Sind Sie nervös?", „Haben Sie schlecht geschlafen?", „Hat Sie etwas geärgert?" spiegeln unsere Wirkung auf andere wider. Beobachten Sie bewusst Ihren Gesichtsausdruck vor dem Spiegel. Versetzen Sie sich dabei gedanklich in unterschiedliche Stimmungslagen. Sie können erkennen, was in Ihrem Gesicht dem Gegenüber Ihre derzeitige Stimmungslage verrät. Bei Ihrer Präsentation müssen Sie auf folgende Punkte achten:

- Nehmen Sie mit Ihren Augen Kontakt zum Publikum auf. Nicht hineinsehen, sondern hinsehen. Keine Gruppen, sondern jeden Zuhörer einzeln ansehen. Dadurch fühlt sich jeder wahrgenommen. Geben Sie dem Einzelnen im Publikum das Gefühl, er sei der wichtigste Mensch im Raum.
- Spielen Sie nicht das Spiel „Wer schaut als erster weg?". Vor allem bei hierarchisch übergeordneten Personen kommt das gar nicht gut an. Klarer Blick, ein bis zwei Sekunden lang, das genügt. Ist der Blickkontakt kürzer, wirkt er oberflächlich. Viele Politiker begrüßen so ihre Wähler, außer kurz vor einer bevorstehenden Wahl. Verweilen Sie bei Person A, danach sehen Sie zu Person B und so weiter. Der Zuhörer, dem Sie sich zuwenden, fühlt sich klarerweise persönlich angesprochen.
- Falls Sie einmal den intensiven Blickkontakt emotional nicht aushalten, blicken Sie der Person genau zwischen die Augen – das entstresst. Der Zuhörer hingegen hat das Gefühl, Sie sehen Ihn direkt an.
- Schauen Sie nicht zu Boden, das signalisiert Desinteresse. Sprechen Sie nicht mit ihrem Flipchart und halten Sie keinen Monolog mit ihrer PowerPoint-Präsentation. Blick nach vorne, immer ins Publikum.
- Zynisch zu wirken ist einfach. Ein schiefes Lächeln mit nur einem angehobenen Mundwinkel, dass wäre perfekt. Tipp: Tun Sie es nicht!
- Werden Sie verbal angegriffen und sind dadurch genervt, verraten das Ihr starrer Blick und Ihre zusammengepressten Lippen. Resultat: Ihre Ablehnung wird sichtbar. Tipp: Lockern Sie Ihre Lippen und lassen Sie Ihren Blick kurz hin und her schweifen.
- Ein gesenkter Kopf schränkt Sie im Blickfeld ein und Sie wirken zurückgezogen. Ein nach oben gestreckter Kopf wirkt hochnäsig. Tipp: Egal worüber Sie sprechen, halten Sie den Kopf gerade.
- Wenn Sie versuchen, Ihre Mimik bewusst zu verändern, wirken Sie gekünstelt, unecht. Bleiben Sie authentisch und Ihre Zuhörer werden Ihnen Glauben schenken.

GESTIK

Haben Sie keine Körpersprache, haben Sie keine Wirkung. Oder wie es ein Mathematiker ausdrücken würde: „Alles multipliziert mit Null ist Null!"

Stellen Sie sich vor, wie es auf Sie wirkt, wenn ein Präsentator während seiner gesamten Präsentation kein einziges Mal seine Hände bewegt. Ihm würde man kein einziges Wort glauben. Um beim Publikum anzukommen, brauchen wir Gesten. Aufgrund der Vielfältigkeit von Gesten und inmitten einer Multikulti-Gesellschaft kommt es zu unterschiedlichen Bewertungen und Bedeutungen. Manche sind klar verständlich, andere hingegen unterschiedlich interpretierbar.

Wichtig: Bleiben Sie echt und versuchen Sie keine gekünstelten und nachgeahmten Bewegungen! Seien Sie sich der Wichtigkeit von Gesten bewusst und setzen Sie Gesten sichtbar ein!

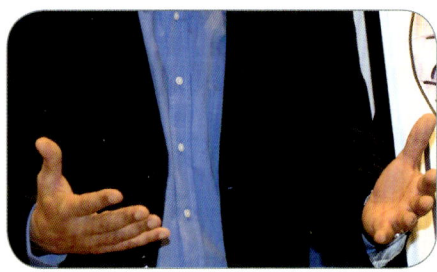

Yes, we can! Offene Hände signalisieren Handlungsbereitschaft. Offene Handflächen verbinden wir mit Wahrheit, Loyalität und Ehrlichkeit. „Ich sage Ihnen offen meine Meinung …" Wenn ein Präsentator seine Ausage mit dieser Geste sichtbar macht, meint er es höchstwahrscheinlich auch so.

Werden Hände zum Dach geformt, bedeutet das Selbstbewusstsein. Dieser Präsentator weiß, wovon er redet. Man spricht auch vom Hahnenkamm, wo Gegenargumente keinen Platz haben. Die abgeflachte Dachform hingegen zeugt von Gelassenheit, hier werden auch andere Argumente zugelassen.

punkt.genau präsentieren

Alle Gesten, die von unten nach oben gehen und über der Gürtellinie stattfinden, drücken etwas Positives aus.

Spielt jemand an der Uhr, am Ring oder reibt er die Finger aneinander, sind das Anzeichen von Nervosität.

Ein auf Sie gerichteter Zeigefinger wirkt autoritär und aggressiv.

Zusammengefasst das Wesentliche zum Thema Körpersprache:

- Der Körper lügt nie und reagiert immer vor dem gesprochenen Wort!
- Sie wirken nur dann, wenn Sie Veränderungen bewirken!
- Menschen urteilen in 150 Millisekunden. Daher zählt der erste Eindruck.
- Wahrnehmen – Interpretieren – Bewerten, all das passiert am Beginn Ihrer Präsentation.
- ALF steht für Ausatmen – Lächeln – Füße spüren.
- Gerade Kopfhaltung und der Blick nach vorne gerichtet symbolisieren Zielstrebigkeit.
- Ein Lächeln ist der Schlüssel für viele Schlösser.
- Wer seinen Standpunkt optimal vertreten will, steht fest am Boden, hat Bodenkontakt.
- Bleiben Sie authentisch und Ihre Zuhörer werden Ihnen Glauben schenken.
- Alle Gesten von oben nach unten und unter der Gürtellinie sind negative Gesten.
- Alle Gesten von unten nach oben und über der Gürtellinie sind positive Gesten.

Seien Sie einfach nur Sie selbst,
    seien Sie unverwechselbar!

DIE PUNKT.GENAU FORMEL

Nachdem wir bisher viele bedeutsame Faktoren für punkt.genaue Präsentationen kennengelernt haben, geht es im letzten Kapitel um die Praxisanwendung, um das Können.

> Es ist nicht genug zu wissen,
> man muss das Wissen auch anwenden.
> Es ist nicht genug zu wollen,
> man muss auch tun.

Die punkt.genau Formel stellt die wesentlichen Kennzeichen einer erfolgreichen und punkt.genauen Präsentation in den Vordergrund.

- **P** ... Publikum abholen
- **U** ... Unmissverständliches Ziel
- **N** ... Nutzenorientierung
- **K** ... Komplexität und Kompliziertheit reduzieren
- **T** ... Themen visualisieren
- **.**
- **G** ... Glanzvoller Medieneinsatz
- **E** ... Engagiert
- **N** ... Nachhaltig
- **A** ... Authentisch
- **U** ... Unverwechselbar

punkt.genau präsentieren

P ... PUBLIKUM ABHOLEN

Eine klare Zielgruppenorientierung schafft Empathie. Damit Sie ihre Zuhörer inhaltlich dort abholen können, wo sie derzeit stehen, ist es wichtig, die Zielgruppe möglichst genau zu kennen. Definieren Sie Ihre Zielgruppe und richten Sie Ihre Präsentation darauf aus.

Um die Zielgruppe spezifizieren zu können, eignet sich die Methode Clustering. Im Gegensatz zum Listenschreiben bekommen Sie dadurch ein schnelles und übersichtliches Bild Ihres Publikums.

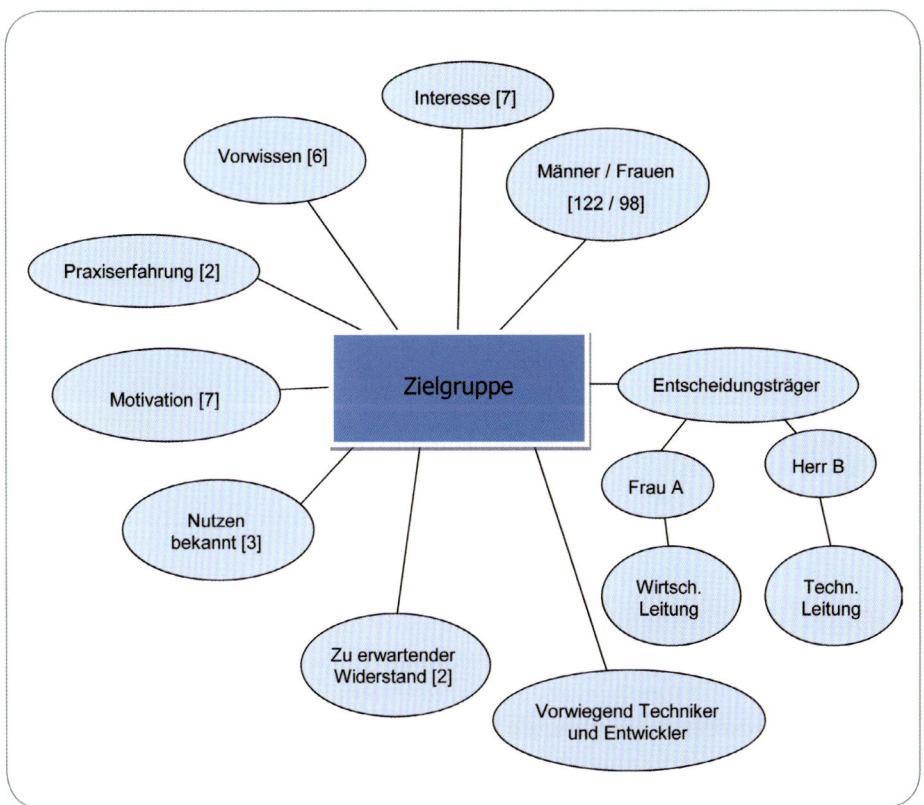

Anstatt eine Bewertung „hoch" oder „niedrig" abzugeben empfehle ich Ihnen, die einzelnen Faktoren zu skalieren. Der Skalierungswert 1 bedeutet: gering oder nicht vorhanden. Der Wert 10 hingegen bedeutet: sehr hoch oder voll erfüllt. Bewerten Sie beispielsweise den Punkt Praxiserfahrung mit 10, bedeutet das, dass die Zuhörer bereits viel Praxiserfahrung mit den zu präsentierenden Inhalten gesammelt haben. Die logische Schlussfolgerung wäre, ein Beispiel aus dem Publikum in die Präsentation zu integrieren. Bewerten Sie hingegen mit 2, müssen Sie ein eigenes Praxisbeispiel präsentieren. Genauso gehen Sie mit den weiteren Faktoren um. Bewerten Sie das Interesse des Publikums niedrig, müssen Sie selbst Argumente finden, um das Interesse zu steigern. Wenn hingegen das Interesse hoch zu bewerten ist, benötigen Sie keine weiteren Argumente. Die Einschätzung der Zielgruppe nach der Skalierungsmethode ermöglicht Ihnen, ein realistisches und konkretes Bild von ihr zu bekommen. Erstellen Sie Ihre Präsentation punkt.genau für diese „gedachte" Zielgruppe.

> *Erfüllen Sie lieber 100 Prozent der Erwartungen einer konkreten Zielgruppe als nur 10 Prozent einer unbestimmten großen Masse.*

U ... UNMISSVERSTÄNDLICHES ZIEL

Am Beginn einer Präsentation stehen immer folgende drei Fragen im Raum:

- Worum geht es bei dieser Präsentation?
- Was kommt auf mich zu?
- Welchen persönlichen Nutzen bringt mir diese Präsentation?

Ihre Aufgabe als Präsentator ist es, unmittelbar am Beginn ihrer Präsentation zumindest diese drei Fragen zu beantworten. Bleiben Sie die Antworten schuldig, wird es umso schwieriger werden, die Aufmerksamkeit der Zuhörer auf die Präsentationsinhalte zu lenken. Wer beschäftigt sich schon gerne mit inhaltlichen Details, wenn man das Ziel nicht kennt? Die erste Frage nach dem „Worum geht es heute'?" wird durch den Titel bzw. Zweck der Präsentation beantwortet.

Mögliche Formulierungen dazu sind:

- Die Antwort auf die Frage „Worum geht es heute?" lautet ...
- Der Titel meiner Präsentation lautet ...
- Das Thema heute heißt ...

punkt.genau präsentieren

- Heute geht es um das Thema …
- Die Fragestellung lautet: „Wie erreichen wir innerhalb des kommenden Geschäftsjahres eine Umsatzsteigerung von 10 Prozent?"
- Kennen Sie bereits … ? Darum geht es heute!

Nur wer weiß, was er will, kann den richtigen Weg einschlagen!

Das Ziel der Präsentation und der Weg zum Ziel entscheiden über Inhalt, Aufbau und Gestaltung jeder Präsentation. Je unmissverständlicher ein Präsentationsziel formuliert ist, desto klarer ist der Weg zum Ziel. Beides ist dem Publikum bekannt zu geben. Bei mehreren Zielen sind Prioritäten zu setzen.

Es gibt offizielle und inoffizielle, meist persönliche Ziele. Alle sind wertvoll und lassen sich nicht immer voneinander trennen. Sie können während der Präsentation aber parallel verfolgt werden.

Inoffizielle (nicht offen ausgesprochene) Ziele können sein:

- die Sympathie des Publikums zu gewinnen
- die eigene Kompetenz zu demonstrieren
- die Freude und Fähigkeit des Präsentierens zu zeigen
- das Publikum zu begeistern
- mehr Sicherheit bei Präsentationen zu erreichen
- Wünsche und Vorgaben des Vorgesetzten zu erfüllen

Ich empfehle Ihnen, inoffizielle Ziele mit derselben Sorgfalt zu präzisieren wie offizielle Ziele. Falls Sie keine inoffiziellen Ziele zu Ihrer Präsentation mitnehmen, führt das auch zu einem Ergebnis. Aber meist nicht zu dem, das Sie wollten.

Wenn Sie nicht bewusst ein Ziel bestimmen, wird sich ihr Gehirn stellvertretend eines einfallen lassen. Zum Beispiel: „Ich darf nicht unsicher und nervös wirken." Dazu gibt es doch den berühmt gewordenen Klassiker: „Denken Sie jetzt nicht an einen rosa Elefanten!" Worauf Sie jetzt verzweifelt damit beschäftigt sind, den rosa Elefanten, an den Sie gerade denken, nicht zu sehen. Geht nicht! Solche Zielformulierungen sind also wenig erfolgversprechend. Persönliche Ziele sollten daher

- positiv formuliert werden,
- mit allen Sinnen erfahrbar sein,
- im Rahmen Ihrer Möglichkeiten liegen.

Beispiel: „Ich will mein Publikum begeistern!"

- Dieses Ziel ist positiv formuliert. Negativ formuliert würde es so klingen: „Ich will nicht, dass mein Publikum sich langweilt." Es wäre nämlich die Garantie dafür, dass Ihr Publikum genau das tut. Wie beim rosa Elefanten müssen Sie erst daran denken, wie es ist, wenn sich das Publikum langweilt, um zu wissen, wie sich das Gegenteil anfühlt. So fokussieren Sie genau auf das, was Sie nicht wollen.

- „Ich will mein Publikum begeistern!" ist ziemlich allgemein und wenig bewegend, wenn es einfach so auf dem Papier steht. Aber wie schaut es aus, wenn Sie ihr begeistertes Publikum in Gedanken vor sich sehen, es förmlich hören und sich vorstellen, wie es sich anfühlt, das Ziel erreicht zu haben? Ziele sollen mit allen Sinnen erfahrbar sein.

- Ziele sollen im Rahmen der eigenen Möglichkeiten liegen. Das Ziel: „Ich will mein Publikum begeistern!" ist mitunter abhängig vom Thema. Bei der Präsentation einer beschlossenen Personalreduktion um 1 500 Mitarbeiter innerhalb der nächsten sechs Monate wird sich die Begeisterung allerdings in Grenzen halten.

Bei der Verfolgung inoffizieller Ziele dürfen aber offizielle Ziele, der eigentliche Anlass einer Präsentation, nicht ins Hintertreffen geraten. Offizielle Ziele einer Präsentation sind:

- Informationen zu vermitteln
- Entscheidungsprozesse in Gang zu setzen
- Zuhörer zu überzeugen
- das Bewusstsein für bestimmte Problemstellungen zu schärfen
- ein Produkt oder eine Dienstleistung zu verkaufen
- einen Vorschlag durchzusetzen

punkt.genau präsentieren

Um erfolgreich und punkt.genau präsentieren zu können, benötigen Sie eine punkt.genaue und unmissverständliche Zielformulierung. Und nicht eine der üblichen Zielfloskeln wie: „Ich möchte Sie heute gerne informieren!" oder „Eigentlich versuche ich, Sie von der hoffentlich guten Entscheidung zu überzeugen!"

- „Ich zeige Ihnen konkrete Maßnahmen, wie wir unseren Gewinn innerhalb eines Geschäftsjahres um 2 Millionen Euro steigern können."
- „Ziel meiner Präsentation ist, dass Sie über die neuesten Informationen Bescheid wissen, um diese auch an Ihre Mitarbeiter weitergeben zu können."
- „Unser Ziel heute ist eine Entscheidung für eine neue Strategie zu treffen, damit Sie künftig ihre Verhandlungen noch erfolgreicher führen können."
- „Ziel meiner Präsentation ist, dass Sie die Vor- und Nachteile der Neuregelung erkennen, um Sie von der Sinnhaftigkeit der getroffenen Entscheidung zu überzeugen."
- „Ziel ist, Sie über die Eigenschaften der neuen Software-Plattform zu informieren, damit Sie in der Lage sind, künftige Einsatzmöglichkeiten innerhalb der von Ihnen durchgeführten Projekte zu erkennen."
- „Ziel meiner Präsentation ist, Ihnen einen Überblick über die Vorteile und den Nutzen unseres neuen Produktes zu verschaffen, damit Sie in Ihrer Kaufentscheidung Sicherheit erreichen."
- „Unser gemeinsames Ziel, die bestehende Situation richtig einzuschätzen, um daraus die notwendigen Maßnahmen ableiten zu können, werden wir heute erreichen."
- „Ziel meiner Präsentation ist, Ihnen die Antwort auf die eingangs gestellte Frage: „Wie erreichen wir innerhalb des kommenden Geschäftsjahres eine Umsatzsteigerung von 10 Prozent?" zu geben. Dazu gehen wir auf folgende drei Schwerpunkte ein."

Hauptziel einer Präsentation ist also, dass am Ende ein Zuwachs an Wissen besteht, den die Zuhörer als Bereicherung empfinden.

Mit „kennen" und „können" lassen sich klare und zielorientierte Formulierungen erstellen.

Steve Jobs wollte einen neuen Computertyp entwickeln lassen. Was sagte er zu seinem Entwicklungsteam?

- Nicht: „Entwickelt mir ein neues Gerät, in einem Jahr muss es fertig sein!"
- Auch nicht: „Designt das Gerät nicht mit zu viel Schrauben, das wird zu teuer!"
- Nein, er sagte: „Leute, ich möchte einen Computer, der ein Loch ins Universum schlägt!"

Gesagt, getan! Dieser Computer wurde der Apple Macintosh und revolutionierte die Welt.

N ... NUTZENORIENTIERUNG

Punkt.genaue Präsentationen sind nutzenorientiert. „Was bringt mir das?", so einfach und zugleich so menschlich lautet die selten offen ausgesprochene Frage im Publikum. Meine Empfehlung: Geben Sie eine Antwort darauf, unabhängig davon, ob Sie gefragt werden oder nicht! Der Zuhörernutzen kann bereits in der Zielformulierung beinhaltet sein oder sollte besser einen eigenen Punkt bilden.

Hier ein Beispiel einer Zieformulierung mit integrierter Nutzenbeschreibung:
- „Ziel meiner Präsentation: Sie erkennen die vielfältigen Einsatzmöglichkeiten der neuen Software und können künftig Ihre Tätigkeiten im Bereich Projektplanung leichter und effizienter durchführen."

Getrennt formuliert in Ziel und Nutzen klingt das so:
- „Ziel meiner Präsentation: Sie erkennen die vielfältigen Einsatzmöglichkeiten der neuen Software und wissen über deren Vorteile Bescheid."
- „Ihr Nutzen daraus: Sie können künftig Ihre Tätigkeiten im Bereich Projektplanung leichter und effizienter durchführen."

punkt.genau präsentieren

Es gibt Präsentationsthemen, wo es tatsächlich schwierig erscheint, den unmittelbaren Nutzen für einzelne Zuhörer festzustellen. Das passiert, wenn erkennbar ist, dass nicht direkt der Zuhörer, sondern in erster Linie die Geschäftsleitung, der Kunde und das Unternehmen davon profitieren. Menschen denken aber gerne zuerst an sich selbst und erst dann an die anderen. Wie geht man damit um?

- „Zufriedene Kunden bewirken die Absicherung unserer Marktführerschaft im Bereich Kunstoffrecycling. Ihr persönlicher Nutzen daraus: Weniger Reklamationen bedeuten mehr Selbstbestätigung, was wiederum eine höhere Arbeitszufriedenheit und darüber hinaus weniger Stress bedeutet."

Wenn Ihnen das zu soft ist, bietet sich folgende Formulierung an:
- „Zufriedene Kunden bewirken die Absicherung unserer Marktführerschaft im Bereich Kunstoffrecycling. Ihr persönlicher Nutzen daraus: Sie sichern damit auch künftig Ihren Arbeitsplatz."

Orientieren Sie sich bei der Nutzen-Formulierung am übergeordnete Ziel. Ergänzen Sie den Nutzen mit der Antwort auf die Frage: „Was können Sie dazu beitragen?".
- „Der Nutzen für unser Unternehmen heißt Wachstum. Sie können mit ihren Engagement dazu beitragen. Dadurch erreichen Sie für sich persönlich hohe Arbeitssicherheit auch in Krisenzeiten."

Noch wirkungsvoller ist es, wenn mehrere Nutzenargumente in einem Satz verwendet werden.

Verbinden Sie Nutzenargumente mit „gleichzeitig", „darüber hinaus" und „außerdem".

Beispiel: „Ihr persönlicher Nutzen: Die Liquidität wird erhöht, darüber hinaus der Umsatz gesteigert und gleichzeitig die Kundenbindung verstärkt."

K ... KOMPLEXITÄT UND KOMPLIZIERTHEIT REDUZIEREN

Sie erinnern sich? „Reduzieren statt konstruieren", einer der wichtigsten Grundsätze, um Komplexität und Kompliziertheit zu verhindern. Das auf der nächsten Seite abgebildete Präsentationsbeispiel zum Thema Beschaffungsstrategie zeigt die richtige Vorgehensweise.

Ausgehend von der Ziel- und Nutzenformulierung sammeln Sie jene Präsentationsinhalte, die notwendig sind, um das Präsentationsziel zu erreichen.

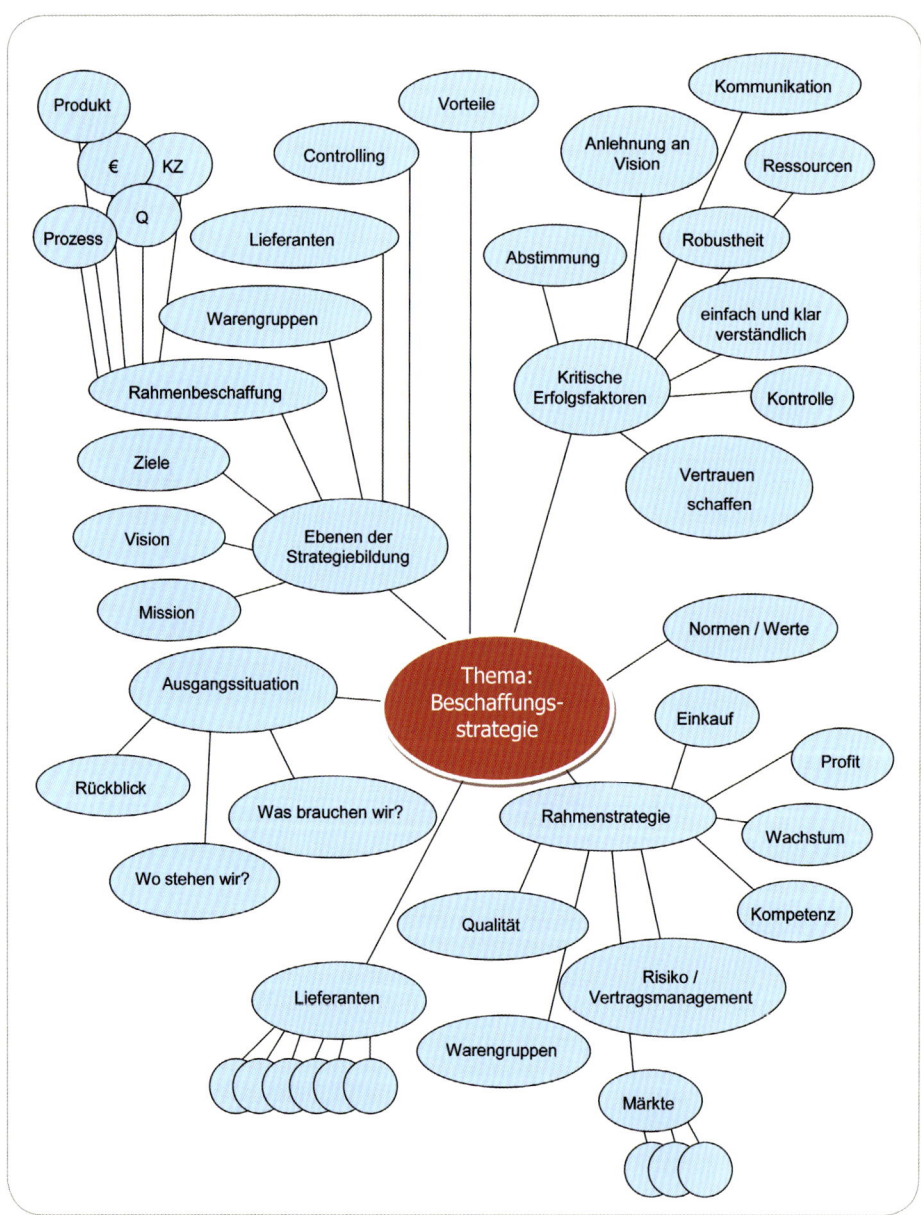

Nun haben Sie eine klassische, um nicht zu sagen übliche Themensammlung erstellt. Der nächste Schritt heißt reduzieren.

punkt.genau präsentieren

Die Reduzierung erfolgt nach dem WIE-Prinzip: Wichtig – Informativ – Erwähnenswert.

- Wichtig (Was muss mein Publikum wissen?)
- Informativ (Was soll mein Publikum noch wissen?)
- Erwähnenswert (Was kann mein Publikum noch zusätzlich wissen?)

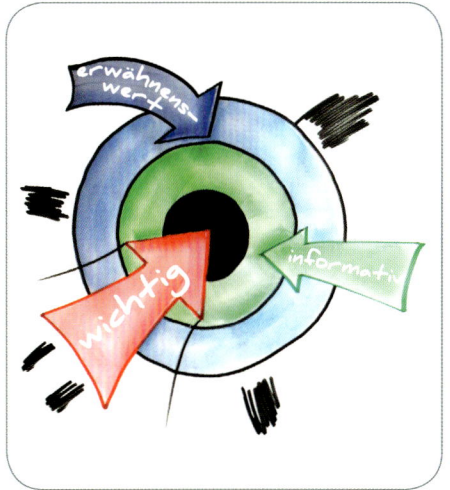

WAS MUSS MEIN PUBLIKUM NACH MEINER PRÄSENTATION WISSEN?

- Reduzierung auf idealerweise drei, maximal fünf Themenblöcke. Das bedeutet in den meisten Fällen eine Zusammenlegung von Themenblöcken oder Weglassen von Informationen.
- Die maximale Anzahl der Inhalte pro Themenpunkt ist auf 7 beschränkt.
- Mit der Farbe Rot sind wesentliche Themenpunkte und die dazugehörigen Inhalte gekennzeichnet (siehe die Grafik auf S. 188).

WAS SOLL MEIN PUBLIKUM NOCH WISSEN?

- Wenn es Ihnen gelingt, das Interesse des Publikums zu wecken oder mit Fragen an das Publikum weitere Inhalte in den Vordergrund zu stellen, werden diese Inhalte präsentiert. Sonst einfach weglassen.
- Sie zeigen Kompetenz, indem Sie auch zu diesen Inhalten etwas Wichtiges zu sagen haben.
- Diese Inhalte sind in der Grafik mit der Farbe Grün gekennzeichnet.

WAS KANN MEIN PUBLIKUM NOCH ZUSÄTZLICH WISSEN?

- Nett, aber nicht wirklich informativ. So lassen sich diese Informationseinheiten meist beschreiben. Es sind in der Regel Inhalte, die nur zur Überbrückung von Zeitüberschüssen dienen.
- Solche Inhalte werden nur dann erwähnt, wenn es eines zusätzlichen informativen Inputs bedarf.
- Diese Felder wurden hier blau strichliert dargestellt.

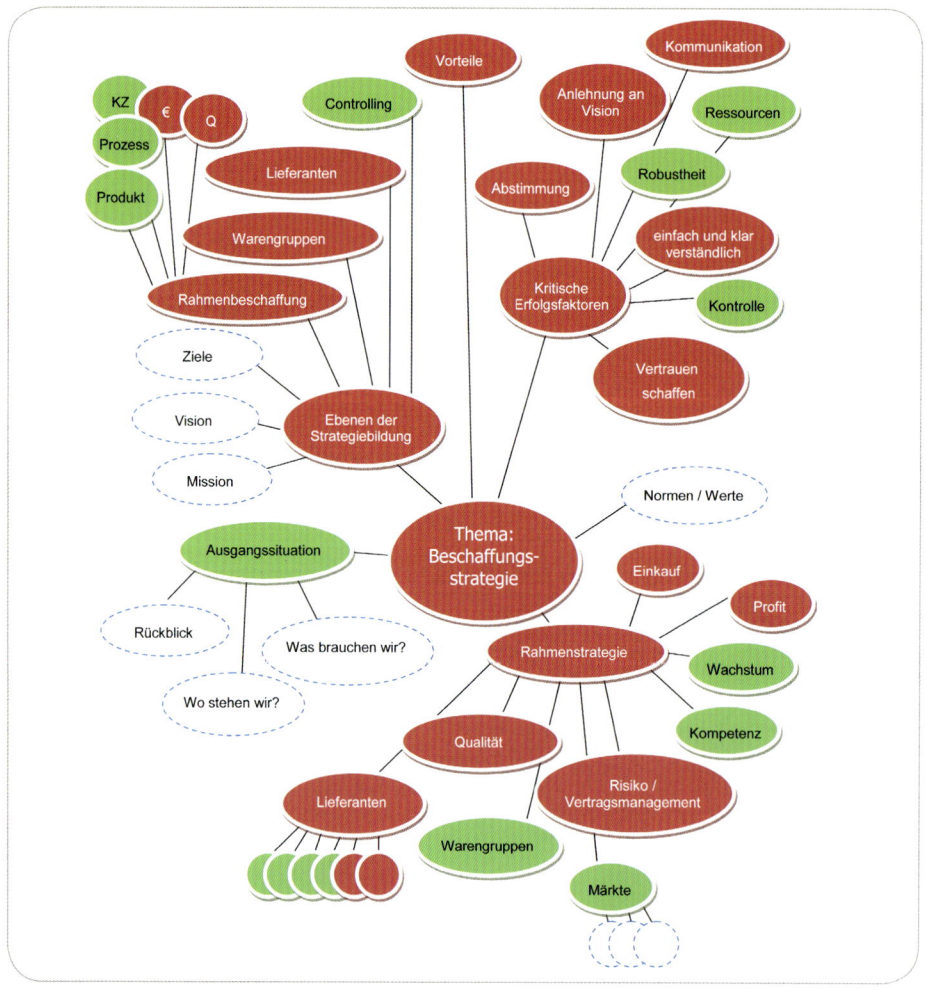

Ob, wie im gezeigten Beispiel, die Methode des Clusterings oder Methoden wie Mind Mapping, 7plusminus2 nach Miller und 3 statt 20 Argumente verwendet werden, ist nach Bedarf und Vorliebe unterschiedlich. Wichtig ist, dass Sie reduzieren und vereinfachen!

T ... THEMEN VISUALISIEREN

Der Grundsatz „Zeigen Sie, was Sie zu sagen haben!" spiegelt die Notwendigkeit einer bildhaften Informationsdarstellung wider. Mit Visualisierungen lassen sich Menschen stärker begeistern und berühren als mit Worten. Vor allem, wenn Bilder direkt vor den Augen des Publikums entstehen. Mit live gezeichneten Bildern und Symbolen lenken Sie die Aufmerksamkeit gezielt auf ihre Präsentationsinhalte. Das garantiert eine nachhaltige Vermittlung von Inhalten. So entsteht bei ihren Zuhörern Klarheit und Übersicht.

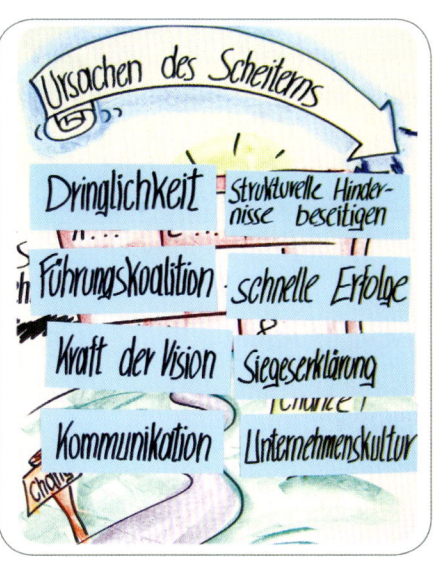

Mit Visualisierungen begeistern Sie Ihre Zuhörer und beschleunigen notwendige Entscheidungsprozesse merklich. Mit unseren fünf Sinnen nehmen wir Reize und Informationen aus unserer Umwelt auf. Auf visuelle Reize reagiert das „Augentier" Mensch bekanntlich sehr stark. Über das Auge stürmen ungefähr 75 Prozent der Informationsmengen auf uns ein.

Umso schwerer ist nachvollziehbar, dass in unserer heutigen, hochmodernen Zeit dieser wichtige Faktor unterschätzt oder gar außer Acht gelassen wird.

Mithilfe ansprechender und verständlicher Visualisierungen erleichtern wir nicht nur die Gehirnarbeit, sondern steigern die Merkfähigkeit wesentlich.

Die visuelle Sprache ist ehrlicher als das gesprochene Wort!

- Je höher die Qualität des verwendeten Mediums ist, umso mehr verlieren Sie als Person an Wirkung.
- Die vier Bausteine der visuellen Kommunikation heißen Text, Farben, Symbole und Bilder.
- Schreiben Sie so wenig wie möglich, zeichnen Sie so viel wie notwendig!
- Farbe ist Information! Setzen Sie Farben daher zielorientiert ein.
- Mit Farben können Sie Aufmerksamkeit erwecken, Blicke lenken, Ordnung schaffen und Emotionen auslösen.
- Benützen Sie Farben, um Wesentliches darzustellen und nicht, um Unwesentliches hervorzuheben.
- Geometrische Formen spielen bei der Visualisierung eine wichtige Rolle.
- Berühren Sie Ihr Publikum mit Bildern auf der emotionalen Ebene.
- Der Köder muss dem Fisch schmecken.
- Kommunikation statt Dekoration.
- Vermeiden Sie Unwesentliches und entscheiden Sie sich bewusst für das Notwendige.
- Wenige Striche, viel Ausdruck – so lautet das Visualisierungsziel bei punkt.genau!

punkt.genau präsentieren

. ... AUF DEN PUNKT GEBRACHT

Reduzieren – Visualisieren –
   Artikulieren – Punkt.genau

G ... GLANZVOLLER MEDIENMIX

Sie können über alles reden, aber nicht länger als 20 Minuten! Gemeint ist nicht länger als 20 Minuten mit ein und demselben Medium. Ein professioneller Medieneinsatz und Medienmix ist für punkt.genaue Präsentationen unerlässlich.

MIT FLIPCHARTS AUF DEN PUNKT KOMMEN

Viele denken, ich sei ein Flipchartfetischist. Stimmt nicht ganz. Trotzdem ist und bleibt das Flipchart viel mehr als nur ein Spontan-Medium. Mit Flipcharts lassen sich aktive, publikumsorientierte Präsentationen durchführen, die spontane Visualisierungen und Interaktionen erlauben. Flipcharts haben etwas mit Respekt zu tun. Der Zuhörer weiß genau, wieviel Zeit in der Vorbereitung von professionellen Flipcharts steckt. Dieses Engagement belohnt er meist mit Wertschätzung.

Ich erinnere mich an die 2011 stattgefundene Präsentation von Dr. Thomas Müller, dem wohl bekanntesten Profiler Österreichs. Während seiner Präsentation mit dem Thema „Workplace Violence" hat er genau drei Flipcharts live gezeichnet. Ich bin davon überzeugt, dass alle Besucher – über 200 – auch noch nach Tagen wussten, was auf diesen Charts visualisiert wurde. An die Inhalte seiner Diashow mit einem lichtschwachen Diaprojektor konnte sich niemand mehr erinnern, denn trotz der Abdunkelung des Präsentationsraumes waren die Texte für niemanden außer Dr. Müller lesbar. Auch die Inhalte der PowerPoint-Präsentation des Bundeskriminalamts haben vermutlich alle vergessen.

Sie merken – das Flipchart ist mein persönlicher Favorit, auch für Präsentationen vor 300 Zuhörern. Aus eigener Erfahrung kann ich Ihnen sagen: Das wirkt!

Vor allem für Präsentationseröffnungen ist das Flipchart bestens geeignet. Das Thema, der rote Faden und in weiterer Folge auch die Inhalte können damit wirkungsvoll präsentiert werden.

Haben Sie die Flipcharts für Ihre Präsentation vorbereitet, sollten Sie noch an fünf kritische Schritte bei Flipchartpräsentationen denken.

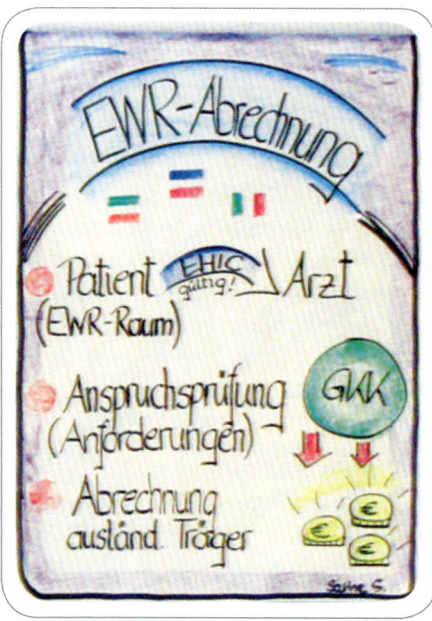

- **Ankündigen** – Stimmen Sie Ihre Zuhörer auf das Kommende ein, ohne die Information vorwegzunehmen. „Folgende Darstellung zeigt Ihnen die Ausgangslage für unser Projekt!"

- **Zeigen** – Lassen Sie das Flipchart wirken und machen Sie eine Sprechpause von ein bis zwei Sekunden. Der Wahrnehmungsprozess würde durch zusätzliche Worte nur gestört werden. Außerdem haben Ihre Worte gegenüber einem neuen Bild keine Chance.

- **Erklären** – Führen Sie die Blicke der Zuhörer durch alle visuellen Elemente Ihres Flipcharts. Mit der Touch-Turn-Talk-Technik lenken Sie die Aufmerksamkeit auf die visualisierten Inhalte, während Sie einzelne Darstellungen in Kurzform präsentieren.

Touch: Mit Ihrer Hand zeigen Sie ohne Worte auf das Element, das Sie erklären wollen.
Turn: Ihre Hand verweilt auf dem Punkt, während Sie sich zum Publikum drehen.
Talk: Jetzt nehmen Sie Blickkontakt zum Publikum auf und beginnen zu sprechen.

Ihre Hand sollte dabei geschlossen sein (Finger zu einem Pfeil formen) und die Handfläche zum Flipchart zeigen. Verwenden Sie keinen Zeigestab oder Kugelschreiber, da diese generell zu klein für das großformatige Medium sind.

- **Interpretieren** – Die Bedeutung oder Tragweite der Darstellung wird präsentiert. Durch den vorhergehenden Schritt der Klärung können die Zuhörer erfassen, was Sie meinen und für richtig halten. Das kann durch Erklärung, Setzen von Zusammenhängen, Aufzeigen von Bezügen usw. stattfinden.

- **Zusammenfassen** – Der letzte Schritt gilt der zentralen Bedeutung des Gesagten und Gezeigten. „Wir sehen daher, dass es sich bezahlt gemacht hat, in die neue Produktserie zu investieren!"

Bilden Sie mit dem Flipchart eine visuelle Einheit!

Noch ein wichtiger Hinweis zum Standpunkt: Besetzen Sie bei Ihrer Flipchartpräsentation eine zentrale Position.
Wenn Sie Sie nur mit einem Flipchart arbeiten, empfiehlt sich die Position rechts vom Flipchart (von Ihnen aus gesehen), um bei Texten gemäß der natürlichen Leserichtung auf den Zeilenanfang zeigen zu können. Benützen Sie dazu Ihre linke Hand.

Arbeiten Sie hingegen mit zwei Flipcharts, ist die Startposition zentral zwischen den Charts. Ich empfehle, den Flipchartständer mit den vorbereiteten Darstellungen links und den Flipchartständer zum live Visualisieren rechts zu positionieren. Wechseln Sie den Standpunkt, ohne dem Publikum Ihren Rücken zu zeigen.

Tipps für Flipchartspräsentationen:

- Führen Sie mit Ihrem Körper und nicht mit Instrumenten durch das Chart.
- Um die Aufmerksamkeit auf sich zu lenken, investieren Sie in Ihre Gestik und gehen Sie zwei Schritte in Richtung Publikum.
- Verstellen Sie nicht den Blick auf Ihr Flipchart.
- Jedes Bild benötigt eine Erklärung, denn für das Publikum ist alles neu.
- Live visualisieren oder vorhandene Darstellungen spontan ergänzen erhöht die Aufmerksamkeit.
- Spielen Sie nicht mit den Flipchartstiften.
- Ihre Visualisierungen sind der größte Notizblock. Sprechen Sie daher frei!
- Die Botschaft einer Präsentation verkündet nicht das Bild, sondern Sie selbst.
- Verwenden Sie auch am Flipchart Moderationskarten. Mit Klebestiften lassen sich diese leicht und schnell positionieren.
- Fügen Sie bei vorbereiteten Charts immer ein Leerblatt zwischen die Charts ein.

PROFESSIONELLER UMGANG

MIT DEM MEDIUM POWERPOINT

Die wirkungsvolle Gestaltung einer PowerPoint-Präsentation ist eine Sache, der Umgang mit dem Medium ebenso wichtig. Sie wissen ja, Kompetenz ist sichtbar. Vor allem bei der Verwendung von PowerPoint erkennt man schnell und umfassend, ob der Präsentator die Grundlagen von PowerPoint beherrscht oder in den Kinderschuhen steckengeblieben ist.

Eingeblendete Kontext- und Pop-Up Menüs haben bei einer professionellen Präsentation nichts verloren. Eine Möglichkeit, sich sicher in seiner PowerPoint-Präsentation zu bewegen, ist die Verwendung eines Presenters. Empfehlenswert sind vor allem die Produkte von Logitech. Mit den reduzierten Funktionen wie Vor- und Zurückblättern, den Bildschirm schwarz schalten und einer Zeituhr sind Sie gut versorgt. Den eingebauten Laserpointer verwenden Sie bitte nur im äußersten Notfall, denn die Grundregel lautet:

Eine gute PowerPoint-Präsentation kommt ohne Laserpointer aus!

Um sich ohne zusätzliche Hilfsmittel und unabhängig von der verwendeten PowerPoint-Version innerhalb einer Bildschirmpräsentation bewegen zu können – hier die Übersicht der wichtigsten Tastenkombinationen:

Start der Bildschirmpräsentation
Entweder mit dem Button für die Bildschirmpräsentation oder über die Tastatur. Der Start funktioniert auch mittels der **F5** Taste.

PowerPoint bei ausgewählter Folie starten
Wenn Sie Ihre Präsentation nicht mit der ersten Folie beginnen möchten, gehen Sie in PowerPoint einfach auf die entsprechende Folie und drücken auf der Tastatur **Shift + F5**. Die Präsentation startet nun bei der ausgewählten Folie.

Beenden der Präsentation

Mit der Esc-Taste kann die PowerPoint-Präsentation jederzeit abgebrochen werden. Haben Sie die letzte Folie erreicht und versuchen weiterzugehen, erscheint ein schwarzer Bildschirm, der Ihnen und dem Publikum verkündet, dass nun die letzte Folie erreicht ist. Voraussetzung: Bei den PowerPoint-Optionen ist die Option „Mit schwarzer Folie beenden" aktiviert.

Vorwärts bewegen – nächste Folie einblenden

Dafür gibt es mehrere Möglichkeiten:

- Mittels Tastatur

  Die Leertaste ist die größte Taste auf der Tastatur und die treffen Sie immer! Alternativ dazu können Sie je nach Vorliebe folgende Tasten nutzen: Die Eingabetaste bzw. Enter-Taste oder „Pfeil nach rechts" oder „Pfeil nach unten" oder die Taste **N** (Next).

- Mittels Computermaus

  Linke Maustaste – blättert eine Folie weiter. Auch das Mausrad blättert weiter, aber es besteht die Gefahr, dass Sie gleich mehrere Folien weiterblättern.

Rückwärts bewegen – vorherige Folie

Es kommt vor, dass man entweder zu schnell weitergeblättert hat oder eine Frage zur letzten Folie gestellt bekommt. Über folgende Tasten können Sie sich zurück bewegen:

- Mittels Tastatur

  Taste P, „Pfeil links" oder „Pfeil hoch". „Bild hoch" geht auch, ist aber nicht empfehlenswert, da die Gefahr des Vertippens besteht und man die erste Präsentationsfolie dargestellt bekommt.

- Mittels Computermaus

  Bei Klick auf die rechte Maustaste wird eine Folie zurückgeblättert. Voraussetzung: Bei den PowerPoint-Optionen ist die Option „Menü beim Klicken mit der rechten Maustaste anzeigen" deaktiviert (Empfehlenswert!). Oder mit dem Mausrad (Vorsicht – damit nicht gleich mehrere Folien geblättert werden).

Folien überspringen

Manchmal ist es notwendig, bestimmte Folien zu überspringen (beispielsweise wegen Zeitmangels oder um bestimmte Folien nicht zu zeigen). Spontaneität ist hier gefragt und kann technisch unterstützt werden:

- Mittels Tastatur

  Wenn Sie die Foliennummer wissen, geben Sie über die Tastatur die Seitenzahl ein und drücken die Eingabe-Taste. Beispielsweise befinden Sie sich auf Folie 13 und möchten danach zur Folie 17. Dann tippen Sie 17 ein und drücken die Enter-Taste. Das sieht niemand, wenn Sie keine Seitennummerierung auf den Folien stehen haben. Mit **Strg + S** erscheint auch die Folienauswahl direkt.

- Mittels Computermaus
  Während der Präsentation die rechte Maustaste klicken und im Menü den Punkt „Gehe zu Folie" wählen. Diese Vorgangsweise erscheint nicht professionell. Meine Empfehlung lautet: Deaktivieren Sie vor der Präsentation in den PowerPoint-Optionen die Option „Menü beim Klicken mit der rechten Maustaste anzeigen". Damit steht auch die rechte Maustaste für das Zurückblättern zur Verfügung.

Zur ersten oder letzten Folie springen
Über die Taste **Pos 1** kommen Sie unmittelbar zur ersten Folie, mit der Taste **Ende** sofort zur letzten Folie.

Wichtige erweiterte Funktionen
Wenn Sie in den obigen Grundfunktionen firm sind, können Sie mit folgenden Tricks Ihre Präsentation weiter aufpeppen:

Zeiger ausblenden
Wenn Sie der Mauszeiger am Bildschirm stört, drücken Sie einfach die Taste **A** und schon ist der Mauszeiger nicht mehr sichtbar. Sobald Sie die Maus bewegen, bzw. beim nochmaligen Drücken der Taste **A**, erscheint der Zeiger wieder.

Black and White bewirken schwarzen und weißen Bildschirm
Weil Sie gerade eine Frage beantworten wollen und die Zuschauer nicht von der gezeigten Folie abgelenkt werden sollen, ist es zweckmäßig, einen leeren Bildschirm einzublenden. Dazu gibt es folgende Standardfunktionen:

- Bildschirm weiß schalten
  Über die Komma-Taste oder mit der Taste **W** (steht für white) können Sie einen weißen Bildschirm einblenden. Nochmals die Komma-Taste oder **W** drücken und die Folie wird wieder eingeblendet.

- Bildschirm schwarz schalten
  Sie hätten lieber einen schwarzen Bildschirm? Drücken Sie die Taste **B** (steht für black) oder alternativ dazu die Punkt-Taste. Nochmals die Punkt-Taste oder **B** drücken und Sie kommen zurück zu Ihrem Inhalt.

Hinweis: Sie können durch Drücken einer beliebigen Taste zum Inhalt zurückkehren. Aber Black and White merkt man sich einfach besser.

Zu einem laufenden Programm wechseln
Um zu einem laufenden Programm zu wechseln, benötigen Sie die Taskleiste. Diese erhalten Sie über **Strg + T**. In der Taskleiste können Sie eine Anwendung wählen und nutzen. Aktionistischer und moderner wirkt die Tastenkombination **Win + Tab**.

Automatisch ablaufende Präsentation
Eine automatisch ablaufende Präsentation können Sie mit der Taste **S** bzw. mit der Taste **+** anhalten bzw. starten.

Zeichenstift einschalten
Der Zeichenstift kann mit der Tastenkombination **Strg + P** (paint) aktiviert werden. Die Stiftfarbe können Sie im Menü „Bildschirmpräsentation einrichten" definieren. Zeichnen können Sie mit einem Stift (nur bei Tablet-PC) oder über die gedrückte linke Maustaste. Mit **Esc** beenden Sie diese Funktion.

Radieren
Sie können Stiftzeichnungen auch löschen. Mit der Tastenkobination **Strg + E** (eraser) erhalten Sie am Bildschirm den Radiergummi.

Pop-Up Menü
Im Standard Pop-Up-Menü von PowerPoint (wird unten links eingeblendet) sind alle Funktionen ebenfalls auswählbar. Mein Tipp: Professionelle Präsentationen brauchen kein Pop-Up-Menü. Deshalb in den PowerPoint Optionen deaktivieren!.

Shortcuts – die wichtigsten Tasten(kombinationen) für PowerPoint

Funktion	Shortcut	Anmerkungen
Starten der Präsentation	F5	Wenn mitten in der Präsentation gestartet werden soll: Shift + F5
Nächste Folie	linke Maustaste	Return, Pfeil rechts, Pfeil unten, Bild unten, Taste N, Mausrad unten, linke Maustaste
Vorherige Folie	Pfeil hoch	Pfeil links, Pfeil hoch, Bild hoch, Taste P, Mausrad hoch
Erste Folie	Pos1	Gehe zur ersten Folie
Letzte Folie	Ende	Gehe zur letzten Folie
Folie direkt anspringen	Foliennummer + Return	Strg + S ergibt Auflistung
Abbruch	Esc	Bedeutet immer Austieg aus der letzten Anwendung
Leerer weißer Bildschirm	W	white
Leerer schwarzer Bildschirm	B	black
Zeiger ausblenden	A	Mauspfeil nicht mehr sichtbar

punkt.genau präsentieren

Stift einschalten	Strg + P	Stift zum Freihandzeichnen
Radiergummi einschalten	Strg + E	Radiergummi löscht Freihandzeichnungen
Anwendungen in Registerform	Win + Tab	Dynamisch wirkender Wechsel zu anderen Anwendungen. Alternative: Alt+Tab
Taskleiste einblenden	Strg + T	Um mittels Taskleiste zu anderen Anwendungen wechseln zu können.

*Arbeiten Sie mit Tastenkombinationen.
Geht schneller – wirkt professioneller.*

PROFESSIONELLER UMGANG
MIT IPAD UND TABLET

Um eines gleich vorwegzunehmen: Es ist ein wahres Vergnügen, mit einem Tablet zu präsentieren. Ob Microsoft oder Apple, beide besitzen ihre produktbezogenen Vor- und Nachteile. Ich zeige hier anhand des iPads beispielhaft, worauf es bei punkt.genauen Präsentationen ankommt. Mit den beschriebenen Apps haben die meisten Präsentatoren bezüglich der Software bereits Ihr Auslangen gefunden. Was noch fehlt, ist der Umgang und die zu beachtenden Raffinessen bei der Bedienung des iPads.

DER STILBRUCH

Sie können Ihr iPad mit einem Adapter an den Beamer anschließen. Hohe Bildqualität und Audioübertragung erfolgen über die HDMI-Schnittstelle, nur Bild über die VGA-Schnittstelle. Jetzt stellen Sie sich vor, Sie präsentieren mit diesem stilvollen und modernen Medium und schleppen dabei ihr Kabel mit. Sollten sie nicht gerade darüber stolpern, löst sich mit hoher Wahrscheinlichkeit die mechanische Verbindung sowieso. Denn die Steckverbindung ist nicht verschraubbar und alleine durch das Gewicht des Kabels wird über kurz oder lang die Verbindung zum Beamer unterbrochen werden. Technisch keine saubere Lösung, optisch noch weniger durchdacht. Was können Sie tun? Ganz einfach! Benützen Sie einen WLAN-fähigen Beamer. Leichter gesagt als getan, denn in vielen Präsentationsräumen ist der Beamer fix an der Decke montiert und auf die Projektionsfläche abgestimmt und nicht WLAN-fähig. Die Lösung: Verwenden Sie Apple TV!

APPLE TV

Diese kleine Blackbox verbindet Ihr iPad drahtlos mit dem Beamer. Sie benötigen lediglich eine HDMI-Verbindung zwischen Blackbox und Beamer. Der Verbindungsaufbau zwischen iPad und Apple TV kann dann sehr einfach durchgeführt werden.

Das Tolle dabei: Jedes iPad im Raum kann über WLAN eine Verbindung zum Beamer herstellen. So lassen sich unterschiedliche Präsentationen von mehreren iPads auf dieselbe Projektionsfläche projezieren, ohne dass dabei ein lästiges Umschalten oder Umstecken nötig ist.

KEIN HDMI, SONDERN NUR EIN VGA-ANSCHLUSS VORHANDEN

Leider lässt der technische Fortschritt in vielen Veranstaltungsräumen zu wünschen übrig. Das heißt, der HDMI-Anschluss des an der Decke montierten Beamers wird nicht verwendet, nur das altbewährte VGA-Kabel ragt hinter dem Rednerpult oder unter dem Vortragstisch hervor. Natürlich können Sie sagen – ich nehme meinen eigenen Beamer mit.

Aber was denkt sich Ihr Publikum, wenn Ihr kleiner Beamer mitten im großen Veranstaltungsraum steht? Eine effiziente Lösung heißt VGA-Converter! Verwenden Sie einen HDMI-

VGA-Konverter und Sie können die vorhandene Technik zur Projektion Ihrer Bilder nützen, allerdings ohne Audio-Übertragung zum Beamer.

WAS TUN, WENN KEIN WLAN VORHANDEN IST?

Dann machen Sie sich Eines! Die neueste iPad-Generation kann das – iPad1 und iPad2 noch nicht. Aber auch dafür hat Apple eine Lösung: Einfach den AirPort Express in die Steckdose schieben und schon kann es losgehen mit eigenem WLAN und einer kabellosen Präsentation.

IST IHR IPAD ZU LANGSAM, DANN SCHLIESSEN SIE NICHT BENÖTIGTE ANWENDUNGEN!

Zwei hilfreiche Tipps zum Umgang mit iPad möchte ich Ihnen noch auf den Weg mitgeben.

Erster Tipp: Falls Ihr iPad bei Präsentationen ins Stocken gerät – vor allem bei Annotation-Anwendungen – dann drücken Sie zweimal kurz hintereinander den Start-Button. Unten sehen Sie dann die aktiven Apps. Viele Benützer glauben nämlich, alle Apps seien geschlossen, wenn sie gerade nicht verwendet werden. Stimmt nicht! Schließen Sie die nicht benötigten Anwendungen und Ihr iPad kommt wieder in Fahrt.

Zweiter Tipp: Verriegeln Sie vor Ihrer Präsentation die Displayausrichtung, damit Ihr Bildschirm während der Präsentation nicht ständig zwischen Hoch- und Querformat wechseln kann.

E ... ENGAGIERT

Wollen statt sollen oder: Ich will erfolgreich und punkt.genau präsentieren statt ich soll präsentieren. Wo ist der Unterschied?

Die Voraussetzungen für Engagement liegen in den organisatorischen und inhaltlichen Rahmenbedingungen der Präsentation sowie in persönlichen Fähigkeiten und Fertigkeiten. Stimmen Anforderungen und persönliche Potenziale überein und wird ein Sinn in der Durchführung der Präsentation erkannt, ist Spitzenleistung das Ergebnis.

> *Engagement ist ein erstrebenswerter Zustand der Erfüllung, erreicht durch Ausübung einer sinngebenden Tätigkeit.*

Das bedeutet:

- Wird ein Sinn in der Durchführung einer Präsentation erkannt und stimmen die Voraussetzungen, sprechen wir vom **WOLLEN**. Das bedeutet, an sich und die Sache selbst zu glauben.
- Sind einer der beiden oder beide Faktoren nicht erfüllt, sprechen wir vom **SOLLEN**.

Engagiert sein bedeutet: „Ich will es tun!"

N ... NACHHALTIG

Erfolg ist, was folgt, nachhaltig ist, was bleibt. Vielleicht haben Sie folgende Situation schon einmal erlebt? Sie befinden sich in der Schule, auf der Universität oder im Vortragsraum, wo gerade eine Präsentation stattfindet. Das Thema selbst finden Sie interessant und hören den Ausführungen des Lehrenden oder Präsentators aufmerksam zu. Nach 90 Minuten verlassen Sie den Raum. Im Flur angekommen, kommt Ihnen plötzlich folgende Frage in den Sinn: „Was hat er eigentlich die letzten 90 Minuten gesagt?"

Was zählt ist das, was bleibt!

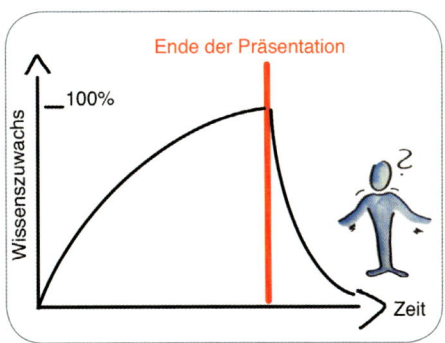

Vergleichen wir eine klassische Präsentation mit einer Lernkurve beim Auswendiglernen von Vokabeln. Die ersten zehn lernen Sie schnell, die nächsten schon langsamer, die weiteren noch langsamer. Ist die Prüfung vorbei, kommt es oft zum Verlust des Erlernten – außer das Erlernte wird wiederholt, macht Sinn und wird angewendet.

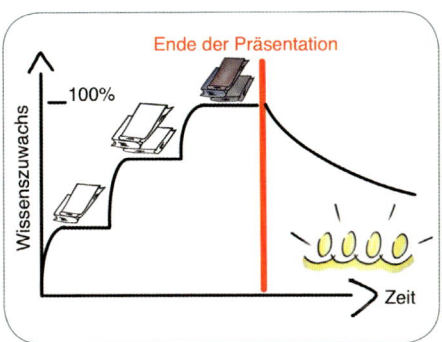

Nachhaltigkeit bewirken Sie nicht durch die Anhäufung von Informationen. Nachhaltigkeit erfordert eine klare Ziel- und Nutzenorientierung, eine in Etappen (roter Faden) strukturierte Vorgehensweise und einfache Visualisierung von komplexen Inhalten und punkt.genauen Informationen.

A ... AUTHENTISCH

Authentische Menschen sind im Einklang mit sich selbst. Sie wirken echt und entspannt. Kleinkinder sind authentisch, Kinder sind unverstellt und spontan. Sie folgen ihren Impulsen, probieren dieses und jenes aus und wollen die Welt entdecken. Wird ein Kind jedoch ständig ermahnt und an seinem spontanen Ausdruck gehindert, nimmt es sich mit der Zeit immer mehr selbst zurück. Es verliert den Kontakt zu seinen eigenen, echten Gefühlen.

Authentische Menschen haben eine besondere Ausstrahlung. Sie wirken echt, ungekünstelt, offen und entspannt.

Ein Präsentator wirkt glaubhaft und vertrauenswürdig, wenn er authentisch ist und in Übereinstimmung mit seinen Werten lebt und handelt. Er löst bei Ihnen als Zuhörer angenehme Gefühle aus, obwohl Sie ihn vielleicht persönlich gar nicht kennen. Das Publikum spürt, ob Sie zu dem stehen, was Sie sagen, und das leben, was Sie vorgeben zu tun. Vereinfacht ausgedrückt:

Es geht um Handschlagqualität!

Ein authentischer Präsentator strahlt aus, dass er zu sich selbst steht, zu seinen Stärken und Schwächen. Gegenüber Präsentatoren ohne falsche Fassade ist das Publikum aufgeschlossener und somit auch ihren Inhalten gegenüber offener. Wer spontan alles sagt, was er denkt und fühlt und nur die eigenen Interessen verfolgt, ist nicht unbedingt authentisch. Das ist vielmehr derjenige, der besonnen reagiert, sich selbst hinterfragt und abwägt, ob und wie er im gegebenen Moment handelt. Bei Authentizität geht es um echte Werte, um ein Abwägen zwischen dem eigenen Wohlbefinden und dem Wohl anderer.

U ... UNVERWECHSELBAR

Unverwechselbar zu sein bedarf einer Differenzierung. Nachahmungslernen, Imitationslernen, Lernen am Modell usw., all das ist wichtig und in der Effektivität unbestritten. Nur die Frage: „Was unterscheidet mich von allen anderen?" darf nicht unbeantwortet bleiben. Eines kann ich nur bestätigen: Das Chamäleon-Prinzip (Nachahmung zur Tarnung) und copy and paste (Kopieren Anderer oder anderer Inhalte) funktionieren nur beschränkt und bewirken keine Differenzierung.

punkt.genau präsentieren

Jedes Unternehmen hat sein eigenes Erscheinungsbild. Vom Logo bis zum Webdesign, von der Unternehmenskultur bis zur Corporate Identity – das alles gibt einem Unternehmen seine Identität. Unternehmensidentität besteht aus Merkmalen, die eine Unterscheidung zu anderen Unternehmen ermöglichen. Eine der bekanntesten Präsentationsweisheiten „Machen Sie es anders als alle anderen!" zeigt auf, wie wichtig es ist, eigene Merkmale – ob persönliche, charakterliche, sprachliche oder methodische – bewusst einzusetzen. Jobs steht für Apple, Apple steht nach wie vor für Jobs. Was sind nun Ihre unverwechselbaren Fähigkeiten, Kenntnisse und Werte? Eine eigene Marke zu werden, das wäre doch was! Was brauchen Sie dazu?

- Bekanntheit erreicht erkannt zu werden!
- Identität bewirkt erkennbar zu sein!
- Differenzierung bedeutet unverwechselbar zu sein!

Seien Sie besonders und unverwechselbar: Seien Sie einfach nur Sie selbst!

DANKE

Ein Blick zurück: Ein kalter Abend im November. Es schneit. Freunde sind gekommen. Sie stehen an meiner mühevoll errichteten Schneebar mitten im Garten. Die Stimmung ist fröhlich, viele lachen. Feuer brennt in der Feuerschale. Es wärmt die Gäste. Mittlerweile ist es Nacht geworden. Der Schnee verwandelt sich in Regen. Es ist ungemütlich, kalt und nass. Das Feuer macht die letzten Atemzüge. Alle gehen nach Hause. Nur einer bleibt. Es ist still geworden. Plötzlich dieser Satz: „Ich habe eine Idee für Dich – punkt.genau!"

In den Monaten darauf folgten Vision, Mission, klares Ziel, Strategie. Punkt.genau präsentieren gehört heute zu einem meiner erfolgreichsten Seminare. Vielen herzlichen Dank meinem lieben Freund, Wegbereiter, Kritiker und Strategen Ing. Philipp Köfler, MBA.

Danke der Quadrofonie, dem Unternehmer-Netzwerk, wo Vertrauen einen hohen Stellenwert besitzt.

Vielen lieben Dank an Norbert Schrangl und sein Team von SPS-Marketing für einprägsame Ideen, Entwurf und Erstellung von Logo, Printmedien und Homepage.

Danke auch an die Kamerafrau Mag. Andrea Schulz und den Fotografen Erwin Wimmer für die ausdrucksstarken Fotos.

Aus tiefstem Herzen an Ulla, Pia und Tim, meine Familie! Danke für die Liebe, das Dahinterstehen, fürs Daranglauben, für die unbegrenzte Unterstützung. Schön, dass es euch gibt.

LITERATUR

D. Brandes (2010): Einfach managen. Klarheit und Verzicht – der Weg zum Wesentlichen. Redline Verlag.

G. Gigerenzer (2008): Bauchentscheidungen. Die Intelligenz des Unbewussten und die Macht der Intuition. Goldmann Verlag.

C. Kosta / A. Mönch (2009): Chance Management. 7 Methoden für die Gestaltung von Veränderungsprozessen. Carl Hanser Verlag.

S. Molcho (1995): Alles über Körpersprache. Mosaik Verlag.

M. Muschitz (2010): Klartext schreiben im Business. Gabal Verlag.

G. Reynolds (2010): ZEN oder die Kunst des Präsentationsdesigns. Addision-Wesley Verlag.

D. Zeller (2009): So werden Sie gehört. Carl Überreuter Verlag.

SEMINAR-INFORMATIONEN

www.alfons-stadlbauer.at
www.flipchartgestaltung.at
oder unter der Telefonnummer +43 0699 11 397 670

WEITERE PUBLIKATIONEN

Kreative Flipchartgestaltung
Kreativ und mit Freude Wissen vermitteln

Preis: 17,80 EUR

ISBN 978-3-85499-759-7
TRAUNER Verlag

Flipcharts for Business
Professionelles Visualisieren
für Besprechungen, Präsentationen
und Moderationen

Preis: 35,00 EUR

ISBN 978-3-85499-402-2
TRAUNER Verlag

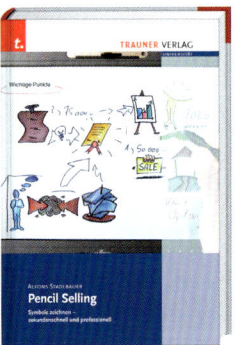

Pencil Selling
Symbole zeichnen –
sekundenschnell und professionell

Preis: 34,90 EUR

ISBN 978-3-85499-764-1
TRAUNER Verlag